浙江省社科联社科普及课题成果（20KPD05YB）

U0160050

行走阡陌，
探寻浙里风味

——浙江县域美食与风物

李亚男 编著

浙江工商大学出版社
ZHEJIANG GONGSHANG UNIVERSITY PRESS
·杭州·

图书在版编目（CIP）数据

行走阡陌，探寻浙里风味：浙江县域美食与风物 /
李亚男编著. — 杭州：浙江工商大学出版社，2022.5
ISBN 978-7-5178-4913-1

Ⅰ.①行… Ⅱ.①李… Ⅲ.①饮食—文化—浙江
Ⅳ.①TS971.202.55

中国版本图书馆CIP数据核字（2022）第062606号

行走阡陌，探寻浙里风味——浙江县域美食与风物
XINGZOU QIANMO, TANXUN ZHE LI FENGWEI——ZHEJIANG XIANYU MEISHI YU FENGWU

李亚男 编著

责任编辑	沈敏丽	
责任校对	夏湘娣	
封面设计	尚阅文化	
责任印制	包建辉	
出版发行	浙江工商大学出版社	
	（杭州市教工路198号　邮政编码310012）	
	（E-mail：zjgsupress@163.com）	
	（网址：http://www.zjgsupress.com）	
	电话：0571-88904980，88831806（传真）	
排　　版	C点冰橘子	
印　　刷	杭州宏雅印刷有限公司	
开　　本	710 mm × 1000 mm　1/16	
印　　张	12.25	
字　　数	155千	
版 印 次	2022年5月第1版　2022年5月第1次印刷	
书　　号	ISBN 978-7-5178-4913-1	
定　　价	56.80元	

序

　　近年来，"乡村振兴"成为国家战略，"文旅融合"成为推进旅游业高质量发展的重要思路，而县域是实施乡村振兴战略和实现文旅融合的最主要阵地。浙江位于我国东南沿海，地形以山地与丘陵为主，向来有"七山一水二分田"之说，因山脉、水系、地层结构不同而形成了不同地貌。全省又可分为浙西南山地、浙东丘陵地、杭嘉湖平原、宁绍平原、金衢盆地和沿海岛屿六个地形区块。浙江素有"鱼米之乡，丝绸之府，文物之邦，旅游胜地"的美称，底蕴深厚，物产丰富，饮食文化源远流长。浙江历史悠久，早在五万年前的旧石器时代，就有"建德人"在浙西南山区活动。新石器时代遗址中，尤以萧山跨湖桥遗址、余姚河姆渡遗址、嘉兴马家浜遗址、余杭良渚遗址最引人注目。2019 年浙江省政府工作报告提出要振兴历史经典农产品，加快发展乡愁产业，做实做好"百县千碗"，打造"诗画浙江、美好家园"。可以说，风土物产、乡土美食是"忆得起的乡愁"，是"将宾客引进米、将乡村推出去"的重要载体。此外，风土物产、乡土美食也在一定程度上起到了使文化和旅游相融合的传播媒介作用。

基于此，课题组编撰了《行走阡陌，探寻浙里风味——浙江县域美食与风物》。全书分为浙东篇、浙南篇、浙西篇、浙北篇以及浙中篇，选取了宁海、奉化、象山、天台、仙居、普陀、新昌、洞头、永嘉、文成、缙云、遂昌、松阳、江山、桐庐、淳安、德清、长兴、安吉、嘉善、桐乡、海盐、柯桥、浦江、磐安等地的风物特产进行介绍，以期对地方文化的传播做出应有之贡献。

是为序。

目录

《徐霞客游记》开篇地

——宁海

　　宁海县，位于浙江省东部沿海，象山港和三门湾之间，天台山和四明山脉交会之处，是国务院批准的第一批沿海对外开放地区之一。宁海是《徐霞客游记》的开篇之地，而今天，宁海已经成为全国生态建设示范区，境内有仙山、神泉、碧海、绿岛。宁海生态环境绝佳，是宁波市第一个国家级生态示范区，素有"天然氧吧、人间仙境"之美誉。

　　宁海置县始自晋武帝太康元年（公元280年），至今已有1700多年的历史。除正式县名外，还有许多美丽的别名，如白峤、丹邱、桃源、宁川、回浦、缑城、广度里等，这些美丽的旧称都曾出现于诗词歌赋中。如清代末年的《宁海县歌》："丹邱白峤古名区，西接天台东尾闾；一带文明回浦水，千秋灵气出名儒。"诗中的丹邱、白峤、回浦就是宁海县的别名。南宋时，宁海被称为"宁川"，当时的县令李知微在《宁海县学新泉记》中说："宁川，海邦也。"将宁海两字涵盖其中。王艺在《后梁宣帝祠记》里写道："余宦游宁川。宁川地广山连，括苍水通闽中，得无名山大川、神灵圣迹者乎？"宁海境内的山脉乃天台山脉之延伸，水源亦多发自天台山脉。《搜神记》里刘晨、阮肇两位采药人入桃源的故事也随着天台山水流到了宁海，于是，宁海也被古人称为"桃源"，意即世外桃源，超然脱俗。元朝县丞黄溍写过《初至宁海二首》的诗，诗中有"桃源名更美，何处有神仙"之句。宁海是明代旅行家徐霞客的地理名著《徐霞客游记》的开篇之地，为此，5月19日被定为中国（宁海）徐霞客开游节，这是宁海地方节庆中最盛大的节日，由舞龙舞狮队、"十里红妆"迎亲队等组成的数十里游行队伍尽情展示着原汁原味的地域风情。

宁海在千年发展历程中，形成了流传久远的地方习俗和节庆活动，如前童行会成为宁海元宵节的一大特色，亦有桑洲品茶节、长街蛏子节、一市枇杷节及越溪跳鱼节等，也有丰富多彩的饮食风俗，这些都成为宁海地方文化不可或缺的构成元素。

宁海食俗

每年从农历腊月廿三到除夕的这段时间，民间称为"迎春日"。春节将临，背井离乡的游子都纷纷回乡，在除夕之夜赶回家中吃年夜饭、守岁。除夕守岁是宁海最重要的年俗活动之一，守岁之俗由来已久。全家团坐在一起，吃年夜饭，这时长辈会给小辈分"压岁钱"，宁海人称之为"谢年"。正月初四夜里要吃鲤鱼，以迎接即将到来的初五，当地的经商人家很重视这一天。正月初五早上便可开门营业，称"开市"。

宁海的民间传统美食品种繁多，地方特色浓郁，尤其是与民间的各个节庆结合在一起，更显得这些传统美食不同寻常。宁海现今的传统节日，仍以除夕、春节、元宵节及清明节最为隆重，其次是立夏、四月八、端午节、中秋节、重阳节及冬至等传统节日。

每年最热闹的节日莫过于春节了。农历正月初一至元宵节为春节，俗称

"过新年"。宁海春节的传统美食有红枣汤、番薯汤、八宝饭、八宝菜等，以食品谐音寓意新年吉利：吃红枣汤，寓意新年早些红红火火；吃番薯汤，寓意生活如意、生意翻倍；吃八宝饭、八宝菜，寓意八方顺利、积聚财富。其次就是元宵节，照常规应以农历正月十五为元宵节，而宁海以正月十四为元宵节。通常说法是，一般人们总在过完元宵后再下地劳作或出门做工，宁海人则提前一天。这是宁海民众勤劳品质的体现。宁海的饮食习俗之一是"十四夜"吃馏，即将菜叶、香干丝、虾皮、番薯粉等一道放在水中煮熟，然后将麦粉放入搅拌，使之成为薄薄的糊状，称为馏或"麦搂"。这一食俗与戚继光有关。当时戚继光在宁海抗倭，村民们有感于戚家军衣食无着，为了让士兵们御寒充饥，村民纷纷拿出不多的杂粮混在一起，用小麦粉做成羹糊状，即馏，送给他们吃。那一夜刚好是正月十四夜，于是就流传下了"十四夜吃馏"的习俗。"十四夜"在宁海可是相当热闹的，家家户户会吃"团子"。团子是一种以粳米粉为皮，以白萝卜丝、虾皮和肉丝等为馅的蒸食，其寓意为"团聚"。"团子"与这一天同时要吃的用糯米粉做的"圆子"，合称"团团圆圆"。当日晚餐，宁海各地还有吃糯米团、麦粉汤包、番薯淀粉汤包、糊辣羹、麦（米）饺筒、青团等的不同习惯，意在旧年已过，一家人要团结同心，在新的一年中再创新业。

每年二月二，俗称"百花娘子生日"，又称花朝节。民间传说，唐太宗曾于花朝节亲自在御花园主持挑菜御宴，武则天每到花朝节便令宫女采集百花并和米一起捣碎，蒸制成"百花糕"赏赐群臣。故而，宁海也有制作百花糕的习俗。四月八，即农历四月初八，是传统的"牛生日"，又叫作"耕牛节"。在这一天，所有的牛都可休息一天，人们将其牵回家喂以"乌饭麻糍"、黄酒、鸡蛋、糯米粥等食品，补其力，壮其骨，养其神，让牛有更加充沛的精力投入耕作。在宁海，这样的习俗一直被保留到今天，不过现在的

"乌饭麻糍"早已成为餐桌上的常客,广受青睐。

在清明节时,宁海人会吃青麻糍、青团。在清明前后,采"青"捣麻糍、和青团,意为一年一度的阳春时节又到来了,后人将会抓紧这宝贵时光,辛勤耕作,争获丰收。宁海人在清明时还会吃螺蛳。因这个时节螺蛳还未繁衍后代,肉质最为肥美,是采食的最佳时令,故有"清明螺,抵只鹅"之说。

宁海立夏习俗以"蛋"为主题。在立夏这一天大家都要吃蛋,因蛋形如心,人们认为吃了蛋能够精神倍增。立夏这一天,品尝新鲜的蚕豆、青梅、竹笋是宁海流传已久的尝"鲜"习俗,"立夏日、采豆荚"即描述了此番景象。近海一带的民众还有尝"腥"的习俗,专指吃鱼,有"立夏不吃腥,蚊子叮眼睛"之说。

五月初五为端午节。在宁海的传统中,这一天除了吃粽子外,还要吃麦饼,也有吃竹筒饭的。粽子形式多样,有狗头粽、横包粽等。狗头粽是对形状的称呼,为四角锥形;横包粽则为长方形。粽子有纯米粽、红豆粽、番薯粽、豆瓣粽、咸肉粽等,甜咸皆有,各具风味。包粽子所用的材料粽叶,都是就地取材,选取毛笋壳或箬竹叶等天然材料。故粽子煮熟后,具有竹笋、箬竹叶等的天然清香。

宁海以农历八月十六日为中秋节,品月饼、赏月吟诗等活动仍有保留。全国大部分地区的中秋节为农历八月十五日,只有宁海、台州一带为八月十六日。在这一天,月饼、特色糕点、桂花酒、白馍糍、锅灶(音同"卓")糍、印花麦粿、漾糕等传统美食一应俱全,其中以印花麦粿和漾糕最具特色。宁海民谣说"八月初三树头敲,八月十六吃漾糕",这里所说的"树头敲",指的就是印花麦粿。"漾糕"也叫"方糕",是将浸过的米和黄豆用石磨磨成粉后蒸制而成的。采用特制的磨粉方式和特色的蒸法,宁海的漾糕就具有独特的风味。

九月初九为重阳节，乡村"捣麻糍"之风俗仍留存，意为庆祝粮食丰收。冬至，宁海人也称"长至日"。按宁海风俗，冬至要吃汤圆或炒圆，用糯米粉做"圆"。汤圆有带馅的和不带馅的，带馅的又有甜的和咸的之分。长辈们为了鼓励孩子吃冬至圆，常有"吃冬至圆加年岁"的说法。宁海有些地方，冬至时兴吃"冬至团"及特色糕点，同样是以糯米粉制作，放入不同的馅料，花色繁多，风味独特。此外，还有"晒冬米"的风俗，就是把白米用水洗过，在冬至的阳光下曝晒后收藏起来，留给日后有需要的人煮粥吃，以恢复体力。

宁海特色美食

❶ 桑洲麦饼

桑洲麦饼是宁海人最喜爱的美食之一，可甜可咸。甜的以糖和芝麻为馅，咸的放虾皮、葱花、肉丁、香干、蛋等食材。刚出锅的麦饼香气扑鼻，引人驻足。

❷ 细豆沙圆

赤豆在宁海桑洲称细豆，把细豆、芝麻、黄豆等煮熟碾粉配以红糖制成豆沙粉，再用糯米粉加工成汤圆煮熟，在细豆沙粉上滚一圈，称为细豆沙圆，这是桑洲人冬日里极佳的美食。

❸ 汤包

汤包是宁海人"十四夜"必备的食品之一。按各人的口味，将猪肉、笋、韭菜、咸菜、豆芽、香干等切成细丁，裹入擀薄的粉皮里，然后做成汤包，放在锅里蒸。由于它的外形像人的耳朵，宁海俗语有云："你的耳朵粘在羹架上。"比喻人耳背，听不清别人说的话。汤包可直接吃，也可再下汤煮。它也是宁海人早餐、午餐、晚餐及夜宵中不可或缺的美食。

❹ 青汤包

青汤包馅料与普通汤包相似，但其外皮是由青泥、麦粉和糯米粉按一定比例和成的，因此特别有嚼劲。

❺ 麦饺筒

麦饺筒，也称为米饺筒，就是将米浸泡至发涨，再磨成粉，与麦粉拌成糊状，在平底锅上摊成圆形的饺皮，如同春饼皮，然后用其将事先炒好的馅儿包裹起来。麦饺筒的馅儿也很讲究，有番薯面、香干、海带、芹菜、四季豆、土豆、肉丝等，也可根据自己的喜好添加其他的食材。街头巷尾所售麦饺筒，食之颇有滋味。

❻ 前童三宝

宁海前童三宝，实为与豆腐相关的三种当地特色小吃，分别为老豆腐、空心豆腐和香干，口味独特，香滑细韧，故而名气由来已久。其由于口味的独特性以及特有的历史价值，被统称为前童三宝。老豆腐，白、嫩、滑、鲜、香；空心豆腐，色泽金黄，中空外结，脆而不碎；香干，香滑细韧，结实耐嚼。宁海特色美食前童三宝是宁海人念念不忘的老味道。

❼ 汤圆

冬至这天，宁海人多做糯米汤圆，亦称"汤果"。一家人团聚在一起，食冬至汤圆。汤圆甜糯，象征一年四季的繁忙工作基本结束，可享受冬闲时的甜蜜生活。

❽ 米胖糖

甜甜的米胖糖，浓浓的过年味。米胖糖是用米胖（一种以大米为原料、用类似爆米花的工艺制作的食物）加糖汁做成的糖，松软甜糯。它是农村过年时用来招待亲戚朋友的必备零食。每逢过年，农村家家户户都要打米胖糖，仿佛不打点儿米胖糖就不算真正的过年。

⑨ 馏

馏是宁海农家的特色小吃，在宁海的传统习俗里，既能当菜，也能当主食。其做法较为简单，食材易寻，成品味美可口，充饥作用明显，经济实惠，带有自然的气息与味道。咸馏，味咸，是一种味道鲜美、回味无穷、绿色健康的特色小吃；甜馏，味甜，是一种甜而不腻、清新爽口、富有营养的特色小吃，有条件的人家还会加入当地的名优特产"白枇杷"。

⑩ 麦虾汤

麦虾汤是极具代表性的一道宁海美食。麦虾汤里除了麦虾外，还有青菜、香菇、葫芦丝、小白虾、蛤蜊等，味道非常鲜美。

⑪ 垂面

宁海垂面又叫箸面，是宁海西部家喻户晓的美食。垂面制作工艺较为复杂，历经揉面、盘面、捆面等多道工序。热气腾腾的垂面，由肉丝、青菜作为配料，筋道爽滑的面条弯弯曲曲地躺在盘子里，配以少许酱油，色香味俱全。

⑫ 糟羹

宁海糟羹食材丰富，味道鲜美，由小海鲜、笋、蔬菜及瓜果等烹调而成。在寒冷的冬日里，芳香四溢的糟羹是很多宁海人的心头好。

⑬ 蝴蝶蛏子

宁海蛏子久负盛名，其吃法多样，煮食、铁板烧及葱爆等均可。蛏子煮熟后，将壳分置两边，露出洁白的蛏肉，其形态如同展翅的蝴蝶一般，蝴蝶蛏子由此得名。

⑭ 青蛤蒸蛋

青蛤为蛤蜊中的一种，俗名有壳菜、海夫人等，是宁海长街有名的物产之一。青蛤肉质鲜嫩，与蛋同蒸，可谓鲜上加鲜。

⑮ 泥螺

宁海长街盛产蛏子、青蛤与泥螺。三月桃花开放的季节，宁海泥螺也上市了，此时的泥螺被称作"桃花泥螺"，具有肉嫩、鲜甜的特点；八月桂花盛开时上市的泥螺被称为"桂花泥螺"，其具有肉质丰润的特点。泥螺的吃法众多，红烧、葱油、腌食及晒干制汤等均可，每种做法都令人回味无穷。

⑯ 土豆青蟹粉丝煲

宁海靠近三门湾，独特的地理位置使得宁海青蟹品质上佳。青蟹配上宁海的番薯粉丝及当地胡陈乡出产的土豆烹调而成的土豆青蟹粉丝煲，味道醇厚鲜美，令人流连。

⑰ 南瓜煲

南瓜煲也广受欢迎。南瓜煲具有生津止渴、清心降火的作用。成品肥而不油，甜而不腻，餐毕齿颊留香，身心舒泰，是具有养颜美容功效的天然佳品。

⑱ 跳鱼烧豆腐

跳鱼烧豆腐取材自当地最有名的前童豆腐和越溪跳鱼。前童地理位置优越，周边群山环绕，境内适宜种植黄豆，加之地处两溪的交汇地带，清澈鲜甜的溪水配以六月好豆，自然成就上佳的豆腐。"开荤吃跳鱼"是宁海的传统风俗，寓意小朋友们跌倒之时，会如同跳鱼一般将头翘起，因而跳鱼也承载了宁海人美好的童年记忆。跳鱼烧豆腐是一道黑白交融、汤白鲜香、肉质细嫩的经典菜肴。

宁海风土物产

❶ 宁海望海茶

望海茶是宁海的特产，也是国家地理标志产品。望海茶产于宁海县望海岗茶场。品质特征：外形细嫩挺秀，翠绿显毫，内质清香持久，滋味鲜爽回甘，汤色嫩绿明亮，叶底嫩绿成朵。

望海茶茶园多分布于海拔900多米的高山上，其四季云雾缭绕，空气温和湿润，土壤肥沃，特别适合茶树生长。受云雾之滋润，集天地之精华，望海茶外形细嫩挺秀，色泽翠绿，香味持久，饮后有甜香回味，汤色清澈明亮，在众多名茶中独树一帜，具有高山云雾茶的独特风味。

❷ 长街蛏子

蛏子是宁海著名的特色产品，也是海水养殖的主导品种。宁海县蛏子的养殖历史悠久，以长街的下洋涂出产的蛏子最为有名。宁海县长街一带位于三门湾，常年有大量淡水注入，海水咸淡适宜，饵料丰富，滩涂以泥沙为主，因而蛏子生长快，个体大，肉嫩而肥，色白味鲜，闻名遐迩，被誉为"西施舌"。

早在宋代，宁海进士储国秀所作《宁海县赋》中即有关于"蛏"的记载。清光绪《宁海县志》中也有记载："蛏，蚌属，以田种之谓蛏田，形狭而长如指，一名西施舌，言其美也。"当地蛏子养殖业的发展及连续多年成功举办"长街蛏子节"，鼓舞了当地人民的士气，也助力了地方经济发展。长街蛏子曾获得"中国浙江国际农业博览会优质农产品金奖"称号，被评为"浙江省水产品双十大品牌"，中国渔业协会授予宁海"中国蛏子之乡"的称号。

❸ 宁海香鱼

香鱼，又称细鳞鱼，是宁海凫溪一带特有的名贵鱼类。宁海香鱼喜生活在底为石砾、多深潭、水色清澈、水流湍急的溪流水域，无腥而带香，味道鲜美。其最大体长在 20 厘米左右，最大体重在 200 克左右。每年 9—10 月集群于河中，10—11 月便在溪流下游入海口的浅滩石砾急流处产卵繁殖，产卵后则大多死亡，有黏性的卵附在石砾上孵化。孵化后的鱼苗随水入海越冬。翌年 3 月底至 5 月上旬，幼鱼陆续上溯至淡水溪流中茁壮成长。

凫溪香鱼的历史悠久，储国秀所作的《宁海县赋》中便有记载。清乾隆三十九年（1774 年）宁海知县徐恕曾作诗描绘："浮溪渡口夜通渔，玉水清波画不如，何事秋风鲈鲙尾，芳鳞三寸是香鱼。"宁海香鱼资源较为丰富，二十世纪八十年代人工繁殖香鱼获得成功，为香鱼生产的发展奠定了基础。相传，乾隆皇帝下江南，到凫溪吃过香鱼后，觉得味美，临走时还带了一些，从此凫溪香鱼就成了贡品。除食用外，香鱼还可做观赏用。

❹ 白枇杷

宁海白枇杷是国家地理标志产品。宁海县地处浙东沿海，地形以丘陵为主，属于亚热带季风气候，温暖湿润，四季分明，日照充足，雨水充沛，优越的地理气候为白枇杷提供了理想的生长环境。宁海白枇杷果实形态为圆形、长圆形，果面淡黄色，少锈斑，皮薄易剥，果肉乳白色，汁多味鲜、清甜爽口，肉质细嫩、入口易化，口感绝佳。

名山胜景　阳光海湾

——奉化

奉化区地处长三角南翼，东海之滨，东濒象山港，隔港与象山相望，南连宁海，西接新昌、嵊州和余姚，北与鄞州区相交。境内既有著名的雪窦山，也有美妙的阳光海湾。全区陆域面积 1277 平方公里，海域面积 91 平方公里，海岸线长 63 公里，地貌构成大体为"六山一水三分田"。奉化人文底蕴深厚，历史名人辈出。

奉化自然资源丰富，生态环境优美，旅游资源丰富。奉化区森林覆盖率达 66%，一年中有 300 多天大气环境质量达到国家一级标准。奉化区水资源丰富，为宁波重要的饮用水源保护区，环境综合定量考核连续多年居全省前列。溪口—滕头景区是宁波著名的国家 5A 级景区，溪口镇和"全球生态500佳""世界十佳和谐乡村"——滕头村分别入选上海世博会城市未来馆亚洲唯一代表案例和城市最佳实践区唯一乡村案例。

奉化食俗

奉化传统点心较多，一般与节日、民俗相结合，如元宵汤圆、清明艾团、立夏米鸭蛋、端午粽子、中秋月饼、冬至汤粿等，此外，还有咸光饼、麻糍、灰汁团、馂糕、大糕、米馒头及年糕等。年糕是主要的点心，可浸于水缸或水桶中保存，可制成汤年糕、炒年糕。民间宴席有"四大碗、八小碗"或"八大碗、八小碗"之说。地方名菜有乌狼鲞烤肉、鸭子芋艿、清蒸河鳗等。大年初一子时，家家户户放爆竹，俗称开门炮。正月初五，请财神。龙灯、马灯串门贺新春。当地元宵节为农历正月十四日，每家每户吃汤团、汤粿，寓意"团圆美满"。

公历五月五日或六日为二十四节气之一的立夏日。过立夏节，人们吃茶叶蛋、艾鸭蛋（米鸭蛋），以田螺、软菜（莙荙菜）、蚕豆及竹笋为午餐菜肴。乡谚有传"蛋挂头，田螺挂眼睛，竹笋挂脚骨，软菜挂耳朵"；饭后称体重，寓意身体健康。立夏"挂蛋"游戏由来已久，这一天，小孩们拿着煮熟的鸡蛋，去顶对方的鸡蛋，玩得不亦乐乎。

农历五月初五为端午节，也称端阳节、五月节、午日节等。这一天，家家户户裹粽子、做馒头，午饭前饮雄黄酒，小孩子胸前、手腕上挂香袋，门户上则插菖蒲、野艾等物。

公历八月七日或八日立秋时，家家户户吃西瓜、脆瓜和绿豆汤，借以消暑。奉化本地农历八月十六日过中秋，亦称"团圆节"，亲友间互赠月饼以示团圆。民间有吃"鸭子芋艿"和气糕（水拖糕）的习俗。农历九月初九为重阳节，也叫"重九"。亲人相约赏菊秋游登高，重阳糕和糯米块为应景之食物，谚语有云"重阳麻团安稳块"，取庆祝丰收之意。到了二十四节气之一的冬至节，人们吃冬至汤粿，晚上则以桑叶洗脚，以防冻疮。农历十二月开始，农村有做年糕的习俗，寓意年年高升。除夕家家户户贴春联，阖家团聚吃年夜饭。

奉化境内既有莼湖街道南岙村这般的长寿村，也有以原生态风貌和深厚文化底蕴闻名的大堰镇。编笠帽、拗竹椅和做米鸭蛋等农家互动活动引得游客们热情参与，难以忘怀。

奉化特色美食

❶ 乌狼鲞笋干烤肉

乌狼鲞笋干烤肉将山珍与水产完美融合。"乌狼鲞"是浙江沿海一带对河豚干的俗称。每年清明前后，是河豚旺发时节，喜欢吃河豚的渔民就会前去捕捞。河豚太多吃不完时，渔民们就会根据长期积累的经验，逐条将河豚从背部剖开，除去有毒的部分，在水中反复清洗后，撒上海盐，然后放在烈日下曝晒，就腌制成了硬邦邦状如树皮的乌狼鲞。乌狼鲞笋干烤肉取乌狼鲞、笋干及五花肉三种食材进行烹制，成品既保留了河豚的鲜美和光泽，又能够让食客们品尝到五花肉的柔润。鱼鲞混合着肉香，散发特有的浓香，而带有季节特征的春笋，也让这道特别的菜肴平添了"时令"韵味。

❷ 奉化牛肉干面

奉化牛肉干面已有百余年历史，是奉化一道独特的传统小吃，也是奉化的代表性美食。其以牛肉、牛杂（牛肚、牛筋、牛舌头、牛百叶等）和粉丝为主料，配以青菜或年糕片，在用牛骨熬制的高汤中加入新鲜的牛肉、牛杂和番薯粉丝，热腾腾的一大碗，鲜香可口，是冬日绝佳美食。此道菜肴取材天然，原汁原味，味道鲜美，深受大众欢迎。时至今日，奉化牛肉干面不仅在宁波境内闻名，甚至于在省内外也负有盛名，成为奉化小吃的金名片。

❸ 长面

长面是奉化民间的一种独特面食，长约180厘米，寓意长命百岁。其软硬适中,容易消化,在生日宴席上必不可少,表达了人们祈求长寿健康的美好心愿。长面以精白面粉为主料,适量掺和植物油、食盐,经和面、闷缸、搓粗条、搓细条、盘缸、闷箱、上架、拉长、分面、晒面、收面等十七道工序制作而成,和机器制面有本质上的区别。

❹ 咸齑黄鱼汤

鲜嫩的大黄鱼佐以雪菜,鲜笋切丝,再滴上几滴绍酒小火慢炖,地道传统的宁波名菜咸齑黄鱼汤就大功告成了。其汤汁奶白鲜香,鱼肉鲜嫩,咸齑更是鲜脆爽口。

❺ 羊肉粥

一碗软糯喷香的羊肉粥,可能是冬日里最好的慰藉。撒一撮葱花、一勺羊肉丁,浇上几圈酱油,鲜美的羊肉粥端上餐桌,是暖胃御风寒的奢侈享受。

❻ 莼湖米豆腐

米豆腐的制作在奉化莼湖一带由来已久,至少在晚清时期就在莼湖一带盛行。莼湖依山面海,土壤肥沃,物产丰富。在漫长的时间长河中,莼湖一带形成了独特的饮食文化,这种饮食文化有别于内陆地区,它讲究山珍、海味、田产融为一体,而米豆腐就是其中的代表之一。奉化的米豆腐令人留恋不已。方正的米豆腐切成细长条,配上鲜美的牡蛎,缀以青菜、笋丝,便能激发起味蕾深处的欢愉,鲜美迷人,回味悠长。

❼ 奉化生煎

奉化的生煎深受欢迎,煎到变焦的底部最是美味。蘸上店家特制的辣椒酱和米醋,一边享受脆皮的焦香,一边感受鲜甜肉汁从嘴里溢出,奉化人元气满满的一天就从这碟生煎开始了。

❽ 奉蚶

奉蚶,产于宁波奉化,又称奉化摇蚶,能补血健胃。于开水中焯10秒,多一秒嫌老，少一秒太腥，再温上一壶老酒，边品酒边剥蚶，食客们畅快淋漓。

❾ 红烧望潮

望潮是当地对一种小型章鱼的俗称。它穴居海滩泥洞中，涨潮时爬出洞口张望，挥舞着腕儿，似在盼着潮水到来，故又名"望潮"。其是沿海百姓餐桌上不可缺少的一道菜，也是奉化的特色美食，望潮肉质细嫩，嚼劲十足。

❿ 红膏枪蟹

老话"红膏枪蟹咸咪咪"，描述的便是"红膏枪蟹"这道菜。好吃的枪蟹不仅源自新鲜度高的原材料，还取决于"红膏"的量。枪蟹的蟹肉也堪称一绝，滑嫩嫩、咸滋滋，口感一流。

⑪ 溪口千层饼

溪口千层饼素有"天下第一饼"之称，其外形四方，金黄透绿，入口香酥松脆，甜中带咸、咸里带鲜，方寸之间，独特风味令人唇齿留香。

⑫ 内糕

内糕由粳米、糯米按比例混合后磨粉，加糖水，搓揉，过筛，塑形后蒸制而成，一般为双层、方形，其味香甜软糯，老少皆宜。旧时，每逢年节，多数人家都要蒸制内糕备谢年时使用，也用于待客。如今，内糕已成为日常食品，其形状和颜色也有了进一步的创新。

⑬ 灰汁团

灰汁团是一种用新早米制成的点心，因其掺和稻草灰的汁水作为发酵物，故而得名。在夏天食用时，伴以薄荷、柠檬，其味更加独特。旧时一般用来招待客人或送往田间地头给劳作的家人当点心，其味清爽可口，制作方法在整个奉化地区比较普及，是奉化当地的一道特色名点。

⑭ 木莲冻

木莲冻是奉化一带的消暑良品，又叫作白凉粉，采用木莲子、凝固粉、纯净水，经过清洗、浸泡、揉搓、过滤、静置等多道工序后制成。在奉化街头巷尾的烈日绿荫里，常能看到木莲冻的身影。木莲冻既可以解渴，又可降火，尤其是冰镇后口感更佳，是奉化地道的夏季消暑饮品。

⑮ 油赞子

油赞子是奉化的传统美食，属纯手工制作的传统休闲食品。它配方独特，选料上乘，尤其是海苔条咸味油赞子，选用纯天然原生态海苔条粉，堪称宁波一绝，色香味俱佳。

⑯ 浆板

奉化人食用糯米浆板由来已久，其酿制原理来自杜康酿酒（即用辣蓼白药发酵），经制曲、泡米、蒸饭、拌药、装罐、坐窠、发酵、出窠，直至酒酿浸出而成。糯米浆板香甜微醺，入口即化，与糯米汤粿搭配烧制最为可口。尤其是清明浆板，具有美容养颜、理气和胃、通经活血等功效，是奉化民间久盛不衰的独特药膳。

奉化风土物产

① 奉化水蜜桃

水蜜桃为奉化区果，奉化是我国水蜜桃的重点产区。奉化自然条件优越，负山枕海，气候温暖湿润，经济作物品种丰富，特色农业初具规模。奉化水蜜桃之所以闻名遐迩，得益于奉化桃农在长期实践中总结出了一整套特殊的栽培技术。脍炙人口的奉化玉露水蜜桃，被称为"琼浆玉露""瑶池珍品"。

奉化水蜜桃以其独特的口感，细软的肉质，香甜汁多的味道，美观的果形，浓郁的香气而享誉八方。

奉化水蜜桃的栽培起源于清光绪年间。奉化溪口镇农民张银崇在上海习得龙华水蜜桃栽培技术后，将品种引入家乡，与当地土桃进行嫁接繁育，遂成第一代玉露水蜜桃。到1925年前后，此品种遍及奉化许多乡镇。奉化水蜜桃畅销上海，味压群果，有"一担蜜桃阔佬笑，引得玉女下瑶台"的美誉。1996年，奉化被国务院发展研究中心等部门命名为"中国水蜜桃之乡"，因此奉化水蜜桃可称国家级名果。

❷ **奉化芋艿**

奉化是全国芋艿主产区之一。据《奉化县志》记载，奉化芋艿在宋代已有种植，至今已有七百余年历史。南宋监察御史、太学博士，奉化三石人陈著曾作《收芋偶成》一诗，内有"数窠岷紫破穷搜，珍重留为老齿馐。粒饭如拳饶地力，糁羹得手擅风流"之语，这里所说的"岷紫"即芋艿。粉糯香甜的芋艿，口味丰富醇厚，蘸酱、炖汤皆宜。芋艿易于保存，也适宜与多种食材进行搭配，可蒸、可烤、可热炒或烧汤等，"排骨芋艿煲"和"乌头葱烤奉芋"是奉化特色菜肴，味道醇厚，令人唇齿回味。

❸ **梭子蟹**

梭子蟹，有些地方俗称"白蟹"。因头胸甲呈梭子形，故名。甲壳的中央有三个突起，所以又称"三疣梭子蟹"。雄性脐尖而光滑，螯长大，壳面带青色；雌性脐圆有绒毛，壳面呈赭色，或有斑点。奉化梭子蟹肉肥味美，具有较高的营养价值和经济价值，且适宜于海水暂养增肥。

❹ **奉化羊尾笋干**

竹子是宁波特产，宁波的竹制工艺品名扬海内外，而竹笋又让宁波人饱享口福。羊尾笋干因形状酷似山羊的尾巴而得名，是奉化山区人民为解决竹笋的储存问题而创制的一种家常菜。羊尾笋干是奉化传统名产，生产历史在百年以上，被列为浙江省"名特优"产品。

春季来临，雨后，春笋争相出土。春笋出现在家家户户的餐桌上，吃不完就晒干。笋干的主要原料是竹笋和海盐，由于制作工艺独特，口味清香，无论煲汤、炒菜，还是纯吃、佐饭，都令人回味无穷；又因为山区多竹笋，家家户户都会加工，故价廉物美，随处可得，老少皆宜。毛笋、黄壳笋、乌笋、雷笋等鲜笋均可做羊尾笋干，而口味最佳的是龙须笋做的羊尾笋干。据地方志记载，奉化溪口锦溪、下跸驻、柏坑等地在清乾隆年间已生产羊尾笋干。煮熟晒干后形如羊尾的羊尾笋干，又脆又嫩，鲜美无比。将雪菜与竹笋共同制成干菜笋，味道相得益彰。

❺ 桃胶

奉化是著名的水蜜桃之乡，桃胶作为桃树的产物，也是奉化的特色产品之一。桃胶一般在夏季采收，用刀切割树皮，待树脂溢出后收集。采来的桃胶要用水浸泡，洗去杂质，晒干。桃胶历来被奉化当地居民所食用。清代著名医家张璐所著的《本经逢原》中有记载："桃树上胶，最通津液，能治血淋，石淋。痘疮黑陷，必胜膏用之。"所以，桃胶通过熬煮后，不仅是一款美食，更是一味良药。

渔港古城　海上传奇
——象山

　　象山县位于象山港和三门湾之间，三面环海，两港相拥。象山是典型的半岛县，海洋资源极其丰富，是浙江省乃至全国少有的兼具山、海、港、滩、涂、岛资源的地区。象山素有"东方不老岛、海山仙子国"之美誉，拥有韭山列岛国家级自然保护区、花岙岛国家级海洋公园和渔山列岛国家级海洋生态特别保护区，获评首批国家级海洋生态文明建设示范区。

　　象山文化底蕴深厚，6000多年的文明史、1300余年的立县史孕育了渔文化、象（吉祥）文化、丹（不老）文化等海洋特色文化。象山渔业资源丰富，拥有国家级非物质文化遗产7项、省级非物质文化遗产15项，被列入首批国家级文化生态保护区、省级非遗保护综合试点县。象山特殊的山海环境和悠久的历史文化造就了其独特的人文旅游资源，境内拥有"塔山古文化"、"不老"文化、海洋渔文化等相关的聚落、建筑及风俗等。象山海岸线上海湾众多，形成数量、面积不等的沙滩、石滩、泥涂。象山野生药材资源丰富，人工栽培中药材历史悠久，历代县志均有记载。贝母、芍药及元胡均有种植。水果以柑橘、杨梅、枇杷闻名，优质柑橘品种"红美人"久负盛名。明嘉靖年间《象山县志》记载，象山栽培杨梅历史已500余年，而枇杷、桃、梨及西瓜等物产在象山的种植历史也极为悠久，品种丰富。

东海纳长江、钱塘江、甬江之水，易产生大量浮游生物、贝藻类生物，使象山海域常年有石斑鱼类与洄游性鱼群活动。象山节庆旅游活动丰富，开渔节、海鲜美食节及海钓节等节庆活动盛况空前，成为重要的地域性民俗节庆活动和饮食节庆活动，与此相关的旅游产品也极为丰富，如开渔之旅、海钓体验之旅及滨海休闲度假特色旅游等。

象山食俗

❶ 春节

正月初一，象山当地旧有举家食素，吃芋头，以祝新年有"余"的习俗。正月初五，商铺营业。正月里亲邻互访互宴，被称为互请"新年饭"。

❷ 元宵节

元宵节一般为正月十五，石浦沿台州之俗为十四，俗称"十四夜"。关于元宵和中秋的时间，韬庐主人于斯盛有云："元宵早一日，中秋迟一天，均无大碍，盖灯节内，夜夜可称元宵。中秋以月圆为标准，十六夜月亦犹是团圆耳。"正月十四夜开始"上灯"，家家户户有灯。孩童手提之金鱼灯、兔灯、桃子灯、荷花灯、鼓灯及生肖灯等被称为提灯；家有挂灯，又以走马灯最为考究。丹城兴吃汤圆，石浦有煮食糊辣羹的习俗，其以笋末、菜、蛏、蛤、猪肉粒为主要原料，味道鲜美，乡间多食炒年糕。十五日前后，旧时城乡常约请戏班演出，少则一二日，多则近旬。上门吹打，受赏年糕、馒头，谓之"吃糕头"。十八日"倒灯"，元宵活动结束。

❸ 花朝节和四月八

二月初二日，被称为"百花娘子生日"，也称花朝节。妇女儿童结伴煮

"天外饭"，谓食之聪明乖巧。在石浦，有"二月二炒糕头"的习俗，糕头即年糕，有糖炒、苔粉炒（甜）及草子（紫云英）炒等方式。四月八采乌饭树叶渍糯米，捣乌饭麻糍，互相馈赠。

❹ 立夏

公历五月六日前后，为夏季之始、农历四月节 —— 立夏。各类作物生长节奏变快，农谚有云："立夏前，种半田。"立夏时吃糯米饭、茶叶蛋，也有吃红豆饭、小竹笋的。小竹笋不切断，以求"脚骨健"。吃青梅，谓入夏不打瞌睡，不疰夏。兴吃补品，或饮鸡蛋老酒，或吃桂圆、人参，俗语有云："千补万补，不如立夏一补。"在石浦，早餐食五色饭，以糯米、粟米、倭豆肉、蚕豆肉（石浦人称豌豆为蚕豆，而蚕豆则被称为倭豆）、猪肉粒、土豆粒共煮，兼具色香味。笋汤、软菜（莙荙菜）羹使人皮肤光滑，食青梅免打瞌睡，午餐吃食饼筒、鸡蛋。大人吃茶叶蛋，小孩吃红鸡蛋，并有相互碰蛋之习俗。蛋络用五色丝线编织，带流苏，挂于胸前。当日还有称体重的习俗。

❺ 五月初五端午

端午节裹粽子，石浦与杭嘉湖地区一样，用箬壳裹粽，也有以笋壳制作的，但清香味不及箬壳，食"五黄"，饮雄黄酒。"五黄"主要为黄鱼、黄鲫、黄鳝、黄瓜、黄豆芽等。石浦、丹城还有吃食饼筒的食俗。食饼筒为软薄麦饼，裹以菜肴，成筒状食之。门户悬插艾草、菖蒲，喷洒菖蒲根酒、雄黄酒。小朋友们则挂菖蒲片或香袋于胸前。

❻ 立秋

立秋为二十四节气之一，通常在公历八月七日或八日，为秋季之始。当地习俗是在夏秋相交之时分食瓜类，通常为西瓜，称为"交秋日"。

❼ 中秋

农历八月十五日本应为中秋节，但当地以农历八月十六日为中秋，相传为南宋丞相史浩所定。清代袁钧诗云："鄞峰寿母易中秋，七百年中俗尚留。从此非时来竞渡，家家十六看龙舟。"中午吃食饼筒，中秋夜为赏月良辰，食用月饼，团坐赏月。

⑧ 重阳

农历九月九日为重阳节，登高赏秋景。旧时有售重阳栗糕，就是用时令的栗子制作而成的糕点。糕以糯米粉加糖蒸制，放于笋壳之上，形状如同饼，糕的上面会嵌以栗肉、瓜子仁、蜜饯、胡桃仁及红绿丝等。

⑨ 十月半

农历十月十五日被称为"十月半"，晚稻登场，当地农家以新米做大糕、馒头尝新。

⑩ 立冬

立冬为冬季之始，通常在公历十一月七日或八日，有食补之俗，石浦当地与象山县城存在食俗差异。县城有谚："千张补、万张补，不如立夏一张补。"石浦以渔业为主，有"冬藏春发"之意，选择立冬食补。

⑪ 冬至

冬至日为公历十二月二十一日或二十二日，北半球白天最短，夜间最长。乡谚有云："冬至大如年。"民众食糯米汤圆，称"吃冬至汤粿"，谓吃冬至汤粿，新增一岁。

⑫ 过年

农历十二月二十日后，家家户户准备过年，掸尘，办年货，捣年糕，做团，炒糖糕（或番薯去皮蒸熟切片），打米胖糖，迎接除夕的到来。在象山石浦，腊八即开始做过年准备，至除夕夜，俗称"十二忙月"。各式各样形态逼真的年糕给孩童的冬日生活增添了诸多乐趣。新出锅的年糕团，以豆酥糖为馅，味美香糯。

在石浦当地，还有准备各类炒货、打糖、准备腊货及置办年货的习俗，如炒鱼胶、番薯、倭豆及花生等，打冻米糖、米胖糖、芝麻糖、花生糖及黄豆糖等。

除夕，全家欢聚一堂，享受菜肴丰盛的年夜饭，谓之团圆之饭。

⑬ 饮酒习俗

海上渔民一生以酒为伴，这是渔民生活风俗之共性。但苏沪闽渔民喜喝白酒；石浦当地渔民爱喝黄酒，俗呼老酒。渔民喝老酒，有许多名堂，体现出独特的俗趣。每逢春汛、夏汛、秋汛和冬汛的第一天出海之前，渔家总要聚集港湾滩头，在海滩上大碗大碗地饮酒，以壮开洋征海之行色，以求一汛之丰收，此为开洋酒。而谢洋酒，则是渔民为庆贺一个鱼汛的丰收，将船抬上岸搁至安全处，然后开怀畅饮，一时港湾海滩上酒碗高举，酒香四溢。

⑭ 宴请习俗

象山石浦人宴请中的一些食俗，是传统饮食文化的体现。在象山石浦，每一桌筵席，有三十多种菜，有冷盘，有热炒，有主菜，有茶点，有酒饮，有热汤，先上什么，后上什么，哪些菜要快上，哪些菜要慢上，都有一定的次序程式。石浦当地的筵席一般是酒饮、菜肴、面点、水果四类的集合。上菜的次序虽略有不同，但通常是冷盘、热炒、大菜、汤菜、餐点、水果等。

石浦筵席的上菜次序普遍遵循以下六点。第一，先冷后热。冷菜因其性清凉，慢慢品尝不会变味，上菜节奏是缓慢的；而热菜上桌即食，节奏加快，否则会变凉变味。第二，先主后次。热菜中皆有主菜，或称为大菜，如鲍鱼席中鲍鱼为主菜。首先上主菜，然后上其他菜。但第一道菜，必是鲜美的"鱼捶面"。第三，先荤后素。荤素搭配，营养合理，是筵席设计的一条原则。先品醇厚的荤菜，令食客口舌生辉，食欲增加，但吃过较重油腻以后，上清淡素菜则使人耳目一新，口感得到调和。第四，先咸后甜。这是人们口味的习惯，顺乎口感，也有促进食欲的好处。第五，先菜后点。筵席开始，饮酒吃菜；筵席接近尾声，配汤食点；筵席中途，先菜后点，可间隔上桌。第六，先菜后汤。整桌筵席用汤菜、水果做尾声。酒在筵席中有锦上添花的妙用，筵席中，上菜的先后次序，往往围绕酒做文章。先上冷盘是为了劝酒，后上热菜是为了佐酒，再上甜羹是为了解酒，最终备点心水果是为了醒酒。考虑到饮酒时吃菜较多，筵席的调味总体要偏淡些，而且松脆香酥的油炸菜、汤汁、果羹、蔬菜都应占有一定的比例，做到和谐适中。

象山特色美食

❶ 鱼滋面

鱼滋面是象山由来已久的地道美食，以马鲛鱼为主要原料。马鲛鱼为近海温水性洄游鱼类，以鱼虾为食，肉质肥嫩，营养丰富。每年的四月到八月，正是象山的马鲛鱼最为肥美的时节。象山港的马鲛鱼，体表带有独特的绿色光泽，膘肥刺少，又被称为象山蓝点马鲛鱼，是全国同类鱼中的翘楚。以马鲛鱼为主料制作而成的鱼滋面，是历史悠久的特色美食。鱼滋面不必用面粉，鲜嫩肥硕的马鲛鱼肉经过多道工序被擀成薄薄的鱼片，制作为鱼面，这是象山地道的风味美食和宴席中的必备食物。

❷ 鱼鲞肉

象山盛产各类适合晒鱼鲞的鱼类品种，如鳗鱼、带鱼、大黄鱼、墨鱼、鱿鱼、鲳鱼及马鲛鱼等。以鱼鲞和五花肉为主料制作而成的鱼鲞肉是象山美食的又一代表，鱼鲞肉将象山菜肴的咸鲜味道发挥到极致，五花肉的软嫩与鱼鲞的韧劲相得益彰。

❸ 三黄汤

以鲜、干、腌三种不同方法来加工黄鱼，能够得到口味甚异的食材。以新鲜黄鱼、干鲞及鱼肚为主料制作而成的"三黄汤"，具有汤汁浓郁、味道醇厚的特点，被誉为"宁波十大传统佳菜"。

❹ 网油包鹅肝

宁波象山养鹅历史悠久，近年来，象山当地所产鹅肝名声渐渐传开。网油包鹅肝是宁波十大名菜之一，也是传统名菜。制作网油包鹅肝，需选取优质鹅肝洗净，经先后两次笼蒸，一次油炸，当鹅肝炸至金黄色时，切成 1.5 厘米宽的薄片，装盆后撒上五香粉、葱末，带花椒盐一同上桌。鹅肝营养丰富，且有补血补目的功效。此菜以鹅肝为主料，肥而不腻，肝香味醇，软糯适口，吃时蘸花椒盐，滋味更佳，具有老幼皆宜的特点。

❺ 麦饼筒

麦饼筒是象山十大特色小吃之一，也称食饼筒。麦饼筒入口松脆，油而不腻。做麦饼筒十分讲究，尤其是做麦饼皮子。首先，用面粉加水搅拌成团，把面饼捏成圆状，用平底锅摊或将面饼烙在火炉板上，几分钟后便可以出炉。皮要烙得不薄不厚，色泽白润，入口有韧劲，这样才见功夫。麦饼皮内所卷食材全凭个人喜好，如豆面、豆芽、豆腐干，如果再加上一两味小海鲜，则可谓锦上添花。吃时，将麦饼皮平摊在平面上，用筷子把小菜一份一份放在麦饼皮上，包卷成筒状即可食用。麦饼筒也可以包好后油炸，在油锅中翻滚过的麦饼筒闪着金黄诱人的光泽，酥脆宜人。

荟萃多种海鲜及时令鲜蔬是石浦麦饼筒的特色之一，这是一道石浦特色小吃，不少海内外的客人都慕名前来一饱口福。按石浦的风俗，在每年的端午、立夏、农历八月十六，每家每户都要吃传统的麦饼筒。

❻ 海鲜十六碗

到了丰收的秋季，象山境内海域也是一派丰收的景象，虾、蟹、贝、螺这些肥美的海鲜，新鲜程度无可比拟。在象山，以生猛海鲜为食材的"海鲜十六碗"，配以特有的烹调方法，为食客们带来非比寻常的感官享受。

象山渔民世代以渔业为生，以鱼为食，具有历史悠久的海鲜餐饮文化和独特的加工方法。而海鲜十六碗则成了象山海鲜的代表，亦有海鲜十八碗之说。一般有生泡银蚶、鲜炝咸蟹、五香熏鱼、大烤墨鱼、白灼章干、椒芹汤鳗、脆皮虾潺、双色鱼丸、倒笃梭子蟹、咸炝活虾、清炖鲻鱼、葱油鲳鱼、红烧望潮、雪菜黄鱼、滑炒鱼片、菜干鳓鱼。象山的海鲜美食以原色原形、原汁原味为主要的烹饪风格，选料上务求精细、鲜活，还必定是本地特色海鲜。比如，从滩涂上现抓上来的望潮，洗干净直接下锅，鲜美无比。

❼ 鱼骨酱

色泽酱红、风味独特的鱼骨酱乃象山特色美食，其以马鲛鱼或鮸鱼（亦称米鱼）为原料。鮸鱼肉质粗硬结实，肉及鱼骨均含有微量元素、蛋白质等营养成分。酸甜咸辣鲜五味俱全的鱼骨酱，兼具健胃、补气及平喘的功效，是象山海鲜菜肴中的经典美食。

❽ 苔菜

每年的冬春交替之时是苔菜上市的季节，进入春季，苔菜开始大批量上市。春苔比较粗，而冬苔枝条比较细，渔民们更喜欢吃冬天的苔菜。经风吹日晒后的苔菜，格外鲜脆美味。苔菜被采集之后，采苔人会用清水将其中的碎泥洗净，恰到好处地滤去苔菜上的浮泥，而不会选择一味地去挤掉裹在里面的海水，如此这般操作，使得晒出的苔菜口感不苦涩，且带有咸香。苔菜收获的时节，在岸边空旷的田野上，一字排开的木桩被缠上草绳，连成一排排，蔚为壮观，吸引了许多游客与行者驻足、观光和取景。

❾ 石浦糊粒

石浦的元宵节不过"十五"过"十四"，不吃汤圆吃糊粒。糊粒是一道将各种小菜统统倒入锅内烧煮而成的小吃。一般用黄豆、虾仁、牡蛎、鱼肉、蛏肉等切细煮熟后拌上薯粉、食盐，即为糊粒羹。

农历正月十四的晚餐，石浦古城每家每户都会做糊粒、吃糊粒，吃了"十四夜"糊粒，寓意新的一年会聪明。由此，古城的小孩子们会自带碗筷，在"十四夜"串门要糊粒。主人笑脸相迎每人一瓢。小孩子串门越多越聪明，而讨糊粒的人越多，象征着主人家越兴旺。

传言，"十四夜"吃糊粒的习俗源于明代，兴于清代，一直流传至今。据传，明嘉靖年间某个元宵节的前一天，倭寇突然进犯石浦，驻石浦的戚家军以最快速度将备节的食材切成粒状，再用淀粉拌和成糊，吃完糊粒后上阵杀敌，终获大胜。自此，石浦百姓在每年的正月十四必吃象征胜利、欢庆的糊粒羹。

❿ 弹涂

弹涂是海鲜中名贵的美味，肉质肥嫩。海味中论鲜，弹涂第一。咸菜是烹调弹涂的最佳搭配。咸菜加少许油翻炒后，加水放入洗好的弹涂即可，原汁原味。其味之鲜，无法用语言表述。弹涂可红烧，与洋葱同炒，色鲜味浓，可煮汤吃，也可多条一起烟熏。

⓫ 梭子蟹

象山的梭子蟹、青蟹与苏州阳澄湖大闸蟹均为驰名中外的珍品。

⓬ 老鹅煲

象山独特的气候环境、优越的水源和丰富的牧草给白鹅的生长带来了得天独厚的条件。象山大白鹅的特点是肉质鲜嫩，老鹅营养更为丰富，适合冬季进补。古代医书记载鹅肉利五脏，解五脏热，止消渴。大白鹅的烹饪方法多样，老鹅也可以红烧、白煮，或者做成卤味，可依据客人口味而做。象山民间最流行的是白斩鹅、盐水鹅、老鹅煲等。老鹅煲清香淡雅，鲜嫩可口，口感细滑，汤色纯净，健胃生津，香味诱人，令人回味无穷。

⑬ 海鲜面

海鲜面是象山的特色小吃。海鲜面又以鱼面为佳。近海所捕之梅鱼，依循潮水时机迅速购来，能够保留通体天然黄亮之色彩。大不过二指的梅鱼，因食材占优，所以可轻松料理出美妙的味道。宽汤，旺火大滚时放入，锅开后小心盛起，鱼身才得完整，色泽没有大的变化。趁着热乎劲儿，喝汤、吃鱼、捞面，那鱼肉尤其水嫩，入口即化，鲜美异常。

海鲜面中的海鲜是锦上添花的存在，其以提味为主要作用，面是主角。海鲜面的制作过程，特色与质量兼备。麦面过于常见，米面方显象山地方风味特色；经验老到的面师傅能够打得好浆，做出的面韧性十足，色泽白亮，外观精致。

也有用好面不用海鲜制成的香辣面。其方法是用猪油、生姜、小葱（三样分量都要重），旺火热油煸炒，浇上好黄酒，注入热汤，下面，撒葱叶，盛入大汤碗之中。成品姜丝嫩黄，葱叶翠绿，葱头则白生生，辛辣之中透出一股浓香，非常适合在冬天聚会后，于自家炉灶上烧制。三五好友人手一碗，热气腾腾，风寒不惧，快哉快哉。

⑭ 萝卜团

萝卜团及糯米团都是象山的传统点心。相传南宋时，宰相史浩将这些点心进贡给宋孝宗，得孝宗大赞。方底尖顶的糯米皮，以猪油、萝卜、蛋皮、豆腐干或小海鲜为馅即为萝卜团，其色泽光亮细腻，入口鲜香软糯。

⑮ 米馒头

米馒头用大米磨成粉做成，味道微甜中带着微酸，被评为象山十大特色小吃之一。由于用料就是白糖、大米、水，不添加任何人工色素和食品添加剂，因此是当地一种流行的健康食品。

象山风土物产

❶ 象山紫菜

紫菜养殖在象山已经有多年历史。象山紫菜是当地海水养殖的主导产品之一。随着养殖技术水平的提高和市场需求的增加，当地养殖面积逐年扩大，形成较大生产规模。以前鲜菜收割后，大多手工制成菜饼，晒干上市。近年发展机器加工，产品档次提高，菜饼薄嫩光亮、味道鲜美、清洁卫生。

紫菜含有丰富的维生素和矿物质，它所含的蛋白质与大豆差不多，是大米的6倍。另外，它还含有胆碱、胡萝卜素、硫胺素、烟酸、碘等。它具有清热利尿、补肾养心、降低血压、促进人体代谢等多种功效。

❷ 象山大黄鱼

大黄鱼又称黄花鱼。野生大黄鱼是象山人的餐桌上最为珍稀的食物，其肉质细嫩，味道鲜美，与众不同，是一种优质的滋补保健食品。大黄鱼含有丰富的蛋白质、钙、磷、铁、核黄素和烟酸等营养成分，深受广大消费者的喜爱。野生大黄鱼肉嫩、味鲜、少骨，自古就有"琐碎金鳞软玉膏"之誉，配以雪里蕻，鲜美可口。

❸ 象山蜜橘

象山蜜橘有"象山红""象山青""丽红"等20个不同品种。近年来，象山"红美人"声名远播，以皮薄、肉甜、口感好，深受消费者的喜爱。产于青山碧海之间的象山蜜橘，是天然的无公害农产品：拥有20多个品种，早、中、晚熟配套，供应期长达 5 个月；外形漂亮，内质优异，果皮细薄，果肉细嫩，可溶性固形物高，风味佳；富含维生素、钙、磷、铁等多种营养成分，堪称果中之珍品，橘中之精品。

❹ 象山晒盐技艺

象山晒盐技艺为国家级非物质文化遗产。象山地处浙江中部沿海，三面环海，海陆岸线长，浅海滩涂面积广阔，日照时间长，风力资源丰富，具备晒海的优良条件，是浙江省三大产盐县之一。

象山晒盐历史悠久，唐代已用土法煎盐，宋时已有刮泥淋卤和泼灰制卤法，并煎熬结晶，元人称晒盐为"熬波"。清嘉庆开始，从舟山引进板晒法结晶，清末又引进缸坦晒法结晶，实现盐业生产工艺上的巨大变革。20 世纪 60 年代后平摊晒法试验成功，象山的海盐生产开始采用新技术，并用机器逐渐代替手工操作，传统晒盐技艺终于退出历史舞台。象山晒盐技艺以海水作为基本原料，并利用海边滩涂及其咸泥（或人工制作掺杂的灰土），结合日光和风力蒸发，通过淋、泼等手工劳作制成盐卤，再通过火煎或日晒、风吹等自然结晶成原盐。整个工序有 10 余道，纯手工操作，蕴涵着丰富的科学技术原理，是有历史文化价值的非物质文化遗产。

和合之境　多娇天台

——天台

天台县，是浙江省台州市下辖县，位于浙江省中东部，东连三门县、宁波市宁海县，南邻临海市、仙居县，西接金华市磐安县，北临绍兴市新昌县。

天台以佛宗道源、山水神秀著称，是佛教天台宗发祥地、道教南宗创立地、"活佛"济公出生地、浙东唐诗之路目的地、和合文化发祥地、诗僧寒山隐居地、刘阮桃源遇仙地、王羲之书法悟道地。天台是国家级生态县和国家生态旅游区、中国茶文化之乡等。

天台食俗

在天台，大年初一早餐吃"五味粥"（由红枣、番薯、毛芋、赤豆、豆腐或豆腐干煮成的粥），中餐吃除夕提前制作的饺饼筒，而晚餐则会吃扁食或米糕、面点、杂羹之类的食物。元宵节，各家会以蕨粉或番薯粉加肉丁，煮成"糊辣沸"，也有吃"元宵圆"之习俗。清明节，则有买螺蛳吃的习俗，以求眼睛明亮。

立夏吃白酒酿，名曰"醉夏"，孩童吃鸡蛋，以"拄脚骨"，午饭后称体重；后来，当地也有吃"饺饼筒"的风俗，称为"醉夏筒"，老幼皆吃青梅，以明目健身。

农历五月初五端午节，吃粽子，饮雄黄酒。天台在农历八月十六过中秋节，邀请亲朋好友赏月吃月饼。重阳节，家家做重阳糕，取"糕"与"高"谐音，寓意人寿年丰，步步登高。

民间过冬至犹如过小年，俗语云："过了冬至大一岁。"各家用糯米做"冬至圆"，取团圆之意，有甜、咸两种口味，还有制作饺饼筒的习俗。

农历十二月二十四日称为"小年"。各家各户开始做馒头（包粽子）、捣年糕、包饺饼筒，迎接新春佳节的到来；杀年猪，吃"分岁酒"。腊月三十日（或二十九日）为除夕，全家团聚会餐，留"隔年饭"，寓意"有吃有剩，连年有余"。

逢年过节和待客的食品饺饼筒、扁食、咸（甜）羹、麦饼、十景糕、十六会馔等，具有内容综合性、形式多样性、安排节律性的特点。

❶ 筵宴

乡民多热情好客，平日生活节俭，办酒席却很大方。酒席有以碗数为名的，如四宾盆、六品碗、八品碗、九大碗、十品碗、碗碗出、六大六细、八大八细、十六会馔等；也有以主菜命名的，如南山炒面饭、西乡馍糕饭、饺饼饭、海参饭、单刺席、双刺席、燕席等。宴席上除上述热菜外，还有冷盘、糕点和糖果。通常有四水果、四冷盘、四点心（又称"四道食"）、四蜜饯、四糖果。旧时宴会有用"木鱼"代鱼而不食的习俗，以示吉庆有余（取"鱼"与"余"谐音）。

❷ 酒类

酒类以黄酒为主，以陈为佳，故又称"老酒"。白酒，俗称"烧酒""糟烧"。以杨梅浸烧酒，称"杨梅烧"，可消暑解乏，城乡盛行。民间主要是饮黄酒，冬季则加生姜烫热后饮用。过去多有家酿的。除饮黄酒外，也饮白酒。烧酒有糟烧、高粱烧和番薯烧之分。近些年盛行各类瓶酒，称"瓶头酒"。夏季尤喜饮当地产石梁啤酒。旧时定亲、婚嫁、生育、祝寿、拜年等礼仪必摆酒席，称"请酒"，请亲友赴宴称"请吃酒"。农家在农忙力作时，多用猪肉酒、猪脚酒、鸡子（蛋）酒等补力。

天台特色美食

天台主食以稻米为主，薯类、麦类、玉米、豆类为辅。立夏至中秋，农事繁忙，加一餐点心，称"接力"。沿海多海产，山区多山货，平原兼有山海之味。喜食蔬菜与海鲜干制、腌制品，咸菜为常食佐菜。臭苋菜梗汁炖豆腐为特殊风味佐菜。

风味食品以米粉类、麦粉类为主，有水浸糕、米面、豆面、猪肉麦饼、光饼、鱼面、豆腐圆、蛋清羊尾、五味粥、糟羹、青团、乌饭麻糍、漾糕、灰青糕、重阳糕、糯米圆、麦饼筒、粽子、馄饨。糕点以冻米糖、花生糖、芝麻糖最具特色，每年春节时家家制作。临海、天台、仙居的"羊脚蹄"，以麦粉加糖成形烤制，形似羊蹄，别有风味。

❶ 饺饼筒

又称食饼筒，是天台最具特色的食品。清明、冬至和过年时，家家户户都包饺饼筒作为节日食品。在天台，有用饺饼筒招待亲友的风俗。饺饼筒皮用麦粉加水调和成糊状烙成，制作讲究，馅料丰富，香脆皆具，宜做正餐主食或休闲点心。做得讲究的饺饼筒被称作"五虎擒羊"，就是将肉片、猪肝、蛋皮、鱼肉、豆腐片等与金针菇、木耳、粉丝、笋丝及菜梗等依照顺序放在糊拉汰皮上卷制而成。

❷ 猪肉麦饼

又称肉圆麦饼，麦饼是天台面食的主要品种之一，以麦粉和精肉为主料，辅以多种作料制成。麦饼状若圆盘，色泽淡黄，外松软里香嫩，味道鲜美。吃时，用三根筷子，采用与吃西餐相似的方式食用，左手拿一根筷子按住盘内麦饼，右手拿一双筷子去夹取，蘸一下酱油、醋，即可入口。南宋时期，山河破碎，饼象征着完整的河山，食麦饼时，用三根筷子代表宋、金、西夏三国，以表心中郁愤。

❸ 扁食

扁食是天台常见的小吃，包法和外形有点类似北方的饺子、南方的馄饨，但皮更薄，内馅也有差别。扁食以萝卜、花生、茭白等素馅为主，口感脆生爽口。扁食采用蒸、煮或炸的方法进行烹调。

❹ 鸡子面

是以鲜鸡蛋汁代水和面粉擀成的面条。烧熟后再加菜料于面上，色香味俱佳。常用来招待女婿或贵宾稀客。可在敬茶之后，进餐之前，作为佳点。

❺ 元宵团

又称"元宵丸"或"元宵圆"。在元宵节时吃是取"团圆"之意。元宵团有带馅的和实心的小丸两种，均用糯米粉做成。实心的小如樱桃，大如枇杷，煮熟后加白糖带汤吃，通常称"丸子"或"圆"；带馅料的形体较大，呈圆形或椭圆形。欲甜，则以麻心或豆沙做馅；欲咸，则用卤过的肉丁做馅。做好落汤氽煮后即可吃，称"汤团"或"汤圆"。除元宵节外，平时也可当作点心吃。

❻ 糊辣沸

糊辣沸是一种用米粉或山粉（蕨粉）调成的咸羹，也叫"山粉羹"或

"山粉糊"。天台俗谚："十四夜，赶道地，吃碗糊辣沸。"在天台，有正月十四吃"糊辣沸"的习俗。糊辣沸配料选用精肉、冬笋、番薯、木耳、香干、胡萝卜、荸荠等，食材切成丁，炒熟再用山粉或番薯淀粉调水拌和，烧熟成糊状，成品黏稠，具有开胃的效果。若以莲子、板栗、桂圆肉、枣干肉等加入山粉或藕粉，则为甜羹。

❼ 粽子

天台春节及端午节有吃粽子的习俗。端午节包的粽子称"端午粽"，春节时吃的粽子都是过年前包好的，所以称"过年粽"。粽子大多以糯米做成，也有用粟米做的。纯用糯米做的称"淡粽"，以豇豆拌糯米做的称"豇豆粽"，用酱油肉或火腿肉包的称"肉粽"，若用板栗（俗称"大栗"）做馅则称"大栗粽"，用细沙做馅的称"豆沙粽""苔沙粽"，用红枣做馅的称"枣干粽"。

❽ 冬至圆

冬至日，家家户户取糯米做冬至圆，先行祭祖，然后当正餐吃。县城和近城地区喜将糯米粉做成桃子大小的圆子，煮熟后放在糖炒粉（将米、豆、芝麻等炒熟磨成粉，再拌红糖）上一滚，待整个圆子粘满糖炒粉即可，这是甜圆。若做咸圆，则先把糯米粉搓圆捏成窝，再放进用猪肉、豆腐干、冬笋、川豆、红萝卜、白萝卜等多种作料切成的细丁。

❾ 糊拉汰（拖）

糊拉汰是天台本地方言的直译，一般以小麦粉为原料，也有用玉米粉的，面粉或米粉糊在煎锅上摊开后按个人喜好放上食材，如南瓜丝、豆腐、土豆丝、青菜、鸡蛋及肉末等。平日里用葱花、猪油加盐，在起锅前敷上，口感松脆，香气扑鼻；若淋上鸡蛋汁，味道极美；用豆腐、苋菜、绿豆芽之类为作料，别有风味。

⑩ 糯米蛋糕

《天台县志》记载，糯米蛋糕用料为鸡蛋、白糖、糯米粉等，先将蛋汁打发，加入白糖搅拌，待融化后再倒入糯米粉拌匀成粉糊状，配制好的粉糊注入事先浸湿平铺了炊巾的笼格内，使其自然散开，厚度约 3 厘米，放热镬上猛火蒸熟，取出切成菱形小块即可。其质软、色黄、味美，家常食用、招待宾客皆宜，用作筵席中的"道食"更受青睐。手工制作、香甜软糯的糯米蛋糕是天台人寿宴等喜宴上常见的吉祥食品，"十六会馔"的"四蒸食"中，就有糯米蛋糕。

⑪ 烧羊尾

烧羊尾是一味甜品，先将豆沙加白糖做成豆沙泥，捏成丸子，外包猪油，再将蛋清（去蛋黄）打透，加少许山粉，然后把包上猪油的丸子放在调好的蛋清里均匀地套上一层蛋汁，下油锅炸 2 次即成。装盆时撒一些白糖，吃起来油而不腻，脆而可口。

天台居民喜食牛肉和牛血，"牛血羹"在寒冷的冬日广受欢迎。天台地区独有的宝贵食材还有生活于山中、以竹叶为食的"小狗牛"，以及生长缓慢、仅仅分布于少数高山地带的黄精，这两味宝贵食材成就了绝妙的"黄精煨小狗牛"。

天台境内著名的 5A 级景区天台山，出产鲜美的春笋，其适用多种烹调方法，炒、炖、煮、焖、煨皆宜，且可与多种食材搭配。无论是油焖春笋、油炸春笋，还是与白米共煮的"金煮玉"，经过文火煮、烘晒等工序的笋茄，都是天台和笋有关的经典美食。

天台风土物产

❶ 茶叶

天台是中国重要的茶叶发源地之一，是浙江有文字记载最早的人工植茶之地，是"中国茶叶海上之路"的源头，被誉为"江南茶源"。其主峰华顶所产"天台山云雾茶"为浙江首批恢复生产的历史名茶之一，其外形细紧、绿润披毫，香气浓郁持久，滋味浓厚回甘，汤色嫩绿明亮，被誉为"佛天雨露，帝苑仙浆"。"天台山云雾茶"先后荣获国家地理标志产品、中华老字号、中华文化名茶、浙江区域名牌等荣誉，其加工工艺被列为浙江省非物质文化遗产。

❷ 水果

天台县水果种植历史悠久，天台山蜜橘享有盛名。天台果树资源丰富，杨梅、柑橘、梨、桃、葡萄、枇杷、樱桃、猕猴桃及柿子等是较为普遍的鲜果品种。引进推广的优良鲜食桃品种有湖景蜜露、锦香、锦绣系等，葡萄新品种有阳光玫瑰、寒香蜜等。优质柑橘品种有红美人、砂糖橘、沃柑、鸡尾葡萄柚等。

❸ 工艺美术

天台山木雕与佛教文化相结合，形成佛像雕刻、佛具制造、棕制品、木珠制品等具有相当规模的工艺美术产业。

天台石雕因材施艺，形象逼真，雕刻精细，层次丰富。石雕艺人以刀代笔，以石为纸，用不同粗细、不同曲度的线条，用浅浮雕手法，使佛像产生虚实相生、惟妙惟肖的艺术效果，虽未着色，却能产生多层次的变化。

玻璃雕塑始于20世纪50年代。风格独具的玻璃雕刻工艺，采用碑刻的用刀章法，吸收版画的黑白对比情趣，借助现代科技新成果，融浮雕的主体层次和中国画的笔墨技法于一炉，题材涉及鸟兽、山水、人物等各个方面。

2006年，天台县申报的天台山干漆夹苎技艺，入选第一批国家级非物质文化遗产名录中的传统手工技艺类别。

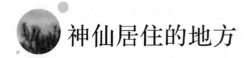

神仙居住的地方

——仙居

　　仙居是历史文化悠久、人杰地灵的千年古城。仙居历代人才辈出，是晚唐著名诗人项斯、宋代世界上第一部食用菌专著《菌谱》作者陈仁玉、元代诗书画三绝的大书画家柯九思、明代勇斗严嵩的左都御史吴时来等人的故乡。

　　仙居文化积淀深厚，境内有距今 7000 年以上的下汤文化遗址、国内八大奇文之一的蝌蚪文、拥有华东第一龙形古街的皤滩古镇、宋代理学家朱熹曾送子求学的桐江书院、春秋古越文字等，文物古迹不胜枚举。仙居还是"一人得道、鸡犬升天""沧海桑田""逢人说项"等成语典故的发生地。仙居民间文化艺术独树一帜、熠熠生辉，国家级非物质文化遗产针刺无骨花灯、九狮图、彩石镶嵌享誉海内外。

　　仙居工艺美术行业名扬海内外，它是全国最大的木制工艺品基地县，荣获过"中国工艺礼品之都"和"中国工艺礼品城"的称号。农业方面，仙居经农业农村部、国台办等批准设立了浙江省首批中国台湾农民创业园，是财政部、农业农村部基层农技改革建设试点县，是全国休闲农业与乡村旅游示范县，是浙江省"三位一体"农业公共服务体系建设试点县，已形成杨梅、三黄鸡、绿色蔬菜、绿色稻米等主导产业，荣获"中国杨梅之乡""中国有机茶之乡"的称号。

仙居食俗

传统佳节或宴请期间，仙居人的饮食风俗颇有特点，比如春节吃米浆筒或者麦饼筒，农历"十四夜"吃糟羹，"十五夜"吃咸酸粥，二月二吃馒头，立夏吃腌鸡蛋，端午吃粽子，八月十六吃千层糕、月饼，重阳吃糊饼筒，过生日则要吃浇头面。常用鸡、鸭、鱼、猪及豆制品等做成仙居传统佳肴——"八大碗"。

仙居的过年从除夕开始，大年初一为春节，主妇泡桂圆茶（也有用荔枝、红枣的，叫"茶泡"），人手一碗，名曰发财茶。早餐吃饼，亦称麦焦、麦油脂（子）或长筒，吃汤圆或汤面。

农历正月十四、十五两天为元宵节，也称灯节。正月十四夜晚，吃菜羹（以肉末、香菇、芋丁、豆腐粒等加上番薯粉或玉米粉搅拌成羹），名曰洗肚羹，十五日晚餐吃咸酸粥（干香菇、猪肠、嫩玉米、骨头、青菜等一同煮食），名曰洗肚粥，周边也有正月十四、十五日不食羹粥，而食麦焦的。

在当地农村，立夏是个大节日，俗语有云："背犁背耙望立夏。"立夏当天，亲朋邻舍互送鸡蛋，家家户户吃煮鸡蛋。当地的泡鸡蛋茶也称为补力茶。吃完午饭，有互称体重的风俗。

农历五月五日端午节，人们吃粽子，饮雄黄酒。农历八月十六为当地的中秋节，旧时有中秋节吃米浆筒的习俗，后来逐渐趋同，以月饼为主要节日食品和馈赠品。

农历十一月冬至日，家家户户多以糯米圆为应景之食物，亦称冬至圆、擂灰圆。至农历十二月，仙居人准备过大年。过大年的活动丰富，民谣有云：二十四，扫扬尘；二十五，打豆腐；二十六，办酒肉；二十七，年办毕；二十八，插花蜡；二十九，样样有；三十夜，桃花谢。腊月下旬开始，做麻糍、水浸糕、馒头，杀猪杀鸡、烘馒头干、炒番薯片等成为家家户户都会做的事。仙居乡村以制作饺饼筒为风俗。饼筒的皮以面粉浆或米粉浆制作而成，内放各类熟的菜蔬卷成筒形，即可食用。

年夜饭是一年中最丰盛的家宴，饭需多煮，且须剩下一些饭，谓之"有吃有余"。年夜饭之后，拿出之前准备的年货，全家欢聚一堂，辞旧迎新，其乐融融。

仙居以农业为主，以米、麦为主食，辅以杂粮、瓜菜。逢年过节，用糯米制作麻糍、糯米圆，用粳米磨粉捣年糕，面食类有馒头、索面等，以米浆筒、泡泡鲞、米浆糕、千层糕、麦饼、油圆、豆腐圆及酥饼等为花样小吃。

仙居特色美食

❶ 仙居八大碗

"八大碗"，顾名思义，有八道菜，分为上四碗和下四碗，一般在以下菜肴中选择八样：莲子（或扁豆）、鱼胶（或肉皮泡）、海参（或锤肉）、香菇（或黑木耳）、翻碗肉、鱼、鸡（或羊肉）、三鲜、杂烩（猪杂）、番薯面等。莲子、翻碗肉、鱼一般为必选菜肴，最后则为第九碗必上之青菜。上菜顺序：第一碗一般为甜莲子，第四碗必为翻碗肉。吃八大碗要用八仙桌，坐四方凳，一桌坐八人。

仙居八大碗与八仙的传说颇有渊源。最为传统的说法是古时八仙过海大战龙王后，在回神仙居的路上，看见邻村皤滩张灯结彩、鼓乐喧天，遂降祥云赶来凑热闹。原来是村中首富吴员外嫁女，八仙一时兴起，一人做了一道拿手好菜以示庆贺（即以八仙命名的八大碗：何仙姑莲子、韩湘子海参、曹国舅泡鲞、汉钟离翻碗肉、铁拐李大鱼、蓝采和敲肉、吕洞宾豆腐、张果老肉皮）。不久，仙居百姓都把吃饭用的四方桌改称为"八仙桌"，婚宴都用上了八仙的八样拿手菜，并尊称为"八大碗"。

仙居八大碗选料地道，食材讲求荤素搭配，制作方法考究，成品色美味鲜，香气扑鼻而来。在物质生活还较为匮乏的 20 世纪 80 年代以前，仙居八大碗只有在有限的婚宴里才品尝得到，堪称人间珍馐。

❷ **甜莲子**

甜莲子取材自优质莲子，经过浸泡、去心、文火炖煮等工序，加以适量白糖调味，便可盛碗上桌，制作而成的甜莲子软糯清香，入口即化，香甜可口，亦称"采荷莲子"。

❸ **海参**

洗净泥沙的海参，切成条状，配以鲜竹笋、鸡蛋丝、猪肉丝、葱丝和黄花菜烧制而成，多种色彩的组合产生了淡绿鹅黄、浅黑粉白的视觉效果，成品不仅带有丰富的色彩，更有馥郁的香气和浓淡相宜的味道。

❹ **翻碗肉**

翻碗肉是仙居八大碗中极具特色的菜肴，选择肥瘦适宜的猪肋骨或五花肉，精肉向内，肉皮向外，扣在碗里，放在蒸笼里旺火蒸数个小时，至入口即化即成。为提鲜，需用酱油、黄酒烧汁淋浇，肉皮上还要抹上麦芽熬成的糖浆。成品色味俱佳，鲜嫩可口，油而不腻。

❺ **泡鲞**

也称泡泡鲞，是仙居八大碗中的上四碗菜之一，原是仙居有名的小吃。"鲞"是咸鱼之意，而"泡"就是"炸"。泡鲞的制作过程就是用面粉加鸡蛋调和成面糊，用汤匙一次次舀起，中间放上腌鲞或咸带鱼，再放入油锅炸成面团。鸡蛋面糊遇热迅速膨胀，形成许多孔洞。泡鲞外焦里嫩，色泽金黄，香气扑鼻。

❻ 大鱼

精选两斤重左右的鲤鱼红烧而成，鱼肉咸香，汤汁鲜美。

❼ 敲敲肉

敲敲肉是仙居八大碗中上四碗的菜肴之一，选用瘦肉切成薄片，加入番薯粉，用锤子反复轻敲，将淀粉融入肉中，用黄酒、姜末、盐、葱花及水等做好汤汁，待汤汁开后，将肉放入汤中，稍煮即可食用，或放入蒸笼略蒸定型，再入锅烧煮，放葱花、红萝卜丝点缀，香气扑鼻，口感爽滑，鲜美无比。

❽ 肉皮泡

将仙居土猪的肉皮蒸熟晒干再入油锅炸，成形后即为肉皮泡。其色泽金黄，又松又脆。用水浸泡后，入锅煮一会儿，以葱花提香点缀后才能上桌，口感松、绵、鲜、香，让人食欲大开。

❾ 豆腐

仙居优越的自然生态条件，使得当地的黄豆和水都是做豆腐的上上之选，用其做出的豆腐，又嫩又香，不加调料也美味无比。略加烹调，便锦上添花。

仙居八大碗荤素搭配，主要特色是鲜、香。李渔《闲情偶寄·饮馔部》云："论蔬食之美者，曰清，曰洁，曰芳馥，曰松脆而已矣。不知其至美所在，能居肉食之上者，只在一字之鲜。"仙居八大碗深得"鲜"字要诀。

仙居风土物产

❶ 仙居碧绿

仙居碧绿堪称茶中圣品。仙居碧绿产于海拔千米、生态环境极佳的仙居苗辽林场，是浙江省的资深名茶。仙居碧绿以高山无污染的幼嫩芽叶为原料精制而成，茶色翠绿，香醇可口，清苦回甜。

❷ 仙居杨梅

仙居杨梅是当地的特色水果。仙居栽培杨梅有 1000 多年的历史，300 多年前的杨梅树如今依然生长在仙居的土地上。仙居杨梅色美、味甜、个大、核小，个头大的比乒乓球还要大。

❸ 仙居蜜梨

仙居蜜梨是当地特产。其以皮薄、汁多，风味独特，数次在农博会上获奖，并通过绿色食品认证。仙居蜜梨是从中国台湾引种的良种梨，果实外形美观，近圆形。

❹ 仙居番薯干

仙居番薯干是当地特产。仙居番薯干口感甜而不腻、糯而有嚼劲，深受台州市民的喜爱。番薯干在很多地方都有，但仙居番薯干却以它独特的原料与制作方法出名。这里的乡村土质松软，酸碱适中，气候适宜，很适合这种红心番薯生长。这种番薯干保留着自然的色泽和品质，颜色黄中透红，味道清香甜美。

海天佛国　渔都港城

—— 普陀

普陀，有"一朵美丽的小白花"之意。普陀位于浙江省东北部，舟山群岛东南部，因境内佛教旅游胜地—— 普陀山而得名，是舟山市的一个市属区。全区辖5镇4街道（普陀山镇、六横镇、桃花镇、虾峙镇、东极镇、沈家门街道、东港街道、朱家尖街道、展茅街道）。

普陀海域辽阔，海水和海涂资源丰富，自然条件优越，生物资源丰富。普陀地处舟山渔场中心，渔业发达，产量居全国之冠。名扬天下的普陀山、风光优美的海岛朱家尖、港口优越的沈家门均在普陀境内。这里渔业资源丰富，其中鱼类以大黄鱼、小黄鱼、带鱼、乌贼、鳓鱼、鲳鱼、马鲛鱼、鳗、比目鱼为主。随着资源变化，作业调整，渔场拓展，马面鱼、鲐鱼及鲷类已成为主捕鱼类。

普陀区属北亚热带南缘季风海洋性气候，常年温和湿润，冬暖夏凉，光照充足。其所辖沈家门渔港是世界三大群众性渔港之一。沈家门渔港长11.5千米，宽0.19—0.7千米，港域面积为320万平方米，水域面积为185万平方米，海底平坦，泥质粉砂，是理想的渔轮锚泊、避风港，也是全国最大的渔货集散地。

普陀食俗

旧时普陀乡间主食番薯干，谚"舟山人叉谈，番薯干当饭"。大米则为奢侈品，少量掺食，可用于待客。进补常以酒作为辅料，如"老酒浸黑枣""老酒煮芝麻胡桃""红糖老酒冲鸡蛋""酒淘黄鱼""酒淘鱼胶"等。菜肴主要以海产为主，自己耕种的蔬菜经腌、晒、糟加工可保存较长时间，糟鱼传统流传久远。喜庆筵席则依据经济情况而有所不同，较为常用的是"汤十三"（连汤共 13 个菜）。在南部各岛，芋艿是必备主菜。现今宴请渐趋丰盛，冷盘、热菜、水果、点心齐全，鸡、鸭、鱼、肉悉数配备。

农历正月初一，早餐吃酒酿年糕或甜汤团，寓意"生活年年高""团团圆圆"。清明时节兴吃青饼、麻糍，立夏时节则兴吃茶叶蛋、糯米饭、乌笋、软菜，笋和软菜不切碎，谓之"脚骨笋""扇风菜"，寓"脚骨健""夏日凉快"之意。端午则兴吃糯米粽、乌馒头，立秋时兴吃西瓜，中秋赏月吃月饼，重阳则做粽子、团子，冬至日兴吃冬至汤团或汤粿。农历十二月送年，家家户户做年糕，置办年货。

普陀特色美食

沈家门一带盛产各类海鲜，风味独特的海鲜菜肴经久不衰。普陀海鲜名菜有雪菜大汤黄鱼、八宝全鱼、芝麻鱼排、盐烤滑皮虾及葱爆墨鱼卷等。

舟山盛产黄鱼，黄鱼捕捞的季节，场面极为壮观。黄鱼可红烧可清蒸，制作方法多样。普陀也诞生了许多以黄鱼为主料的海鲜名菜，其中最有特色的是雪菜黄鱼汤。硕大肉肥的大黄鱼，充满海洋的气息，黄鱼的鲜混合雪菜的香，配以汤汁的柔顺浓稠，实现了恰到好处的"鲜咸合一"。

八宝全鱼以新鲜大黄鱼为主料，在其腹内塞入经煸炒的虾米、火腿、鸡脯肉、竹笋、香菇等配料，外包猪油，上笼蒸熟，淋浇卤汁上桌，汤清味美，肉质鲜嫩，香味浓郁。

芝麻鱼排选用新鲜大黄鱼，切成二指宽的鱼片，加入葱、姜、胡椒粉等调料进行腌制，拌之以淀粉和蛋清，粘上些许黑芝麻下油锅炸，芝麻香味混合鱼的鲜味，使得成品具有外表香脆、内里鲜嫩的口感特点。

❶ 盐烤滑皮虾

滑皮虾是舟山主要的野生虾，其营养丰富，可采用盐烤、水煮、油爆及晒干等方法进行制作，海边渔民晒虾干所带来的绯红景象常引人驻足。盐烤滑皮虾烹调工艺简单，剪掉虾须，将盐均匀撒至虾上，小火烤 10 分钟起锅，抖去盐，便制作而成。

❷ 葱爆墨鱼卷

将新鲜墨鱼剞为麦穗状，放入沸水之中即可制成墨鱼卷，放入葱、姜等辅料进行煸炒，经过上浆、浇葱油等环节便制作完成，成品色彩分明，鲜嫩且香。

❸ 虾潺

虾潺，也称东海龙鱼，因浑身没有一根硬骨，只有一堆软绵绵胖嘟嘟的肉，也称豆腐鱼，还因身形优美洁白而被称为小白龙。虾潺肉质细嫩，美味可口，可以红烧，可以做汤，也可以做成椒盐虾潺。

❹ 糖醋熏鱼

糖醋熏鱼以马鲛鱼为主要原料，是普陀一带家家户户过年时必备的菜肴，舟山渔谚有云："青占与马鲛，鲜美胜羊羔。"熏鱼采用的制作方法并非烟熏，而是用酱油浸泡之后再油炸，继而以糖醋汁浸制而成，其色泽红亮，具有如同烟熏一般的外观，口感酥脆焦香、酸甜适中。糖醋熏鱼不仅适合大人、孩童直接食用，也是制作海鲜面的好浇头。

❺ 海鲜面

沈家门一带是海鲜众多的"活水码头"，在米面中加入小黄鱼、蛏子及蔬菜，面条汲取了海鲜的精华，味道更为惊艳美妙。

❻ 肉心鱼圆

将新鲜鳗鱼剁成鱼糜，制成圆球状，将肉馅嵌入其中，放入锅中，待煮沸后即成。肉心鱼圆既可作为汤面浇头，也可作为菜肴主辅料，味道鲜而不腻。

❼ 螃蟹年糕 / 大头菜烤年糕 / 塌年糕 / 酒酿年糕

新鲜的螃蟹配上年糕，糯糯鲜鲜的味道让人难以忘怀，可谓是普陀人的心头好。

大头菜年糕总能勾起许多普陀人儿时的回忆，也称芥菜烤年糕。当地人有农历二月二日和冬至节一早全家吃芥菜烤年糕的习俗。洁白如霜、透明如玉的年糕在收汁后，色泽黄亮，配以脆嫩爽口的芥菜，尤为开胃。

铁板和油炸的塌年糕，则是街头巷尾常见的吃食。

酒酿年糕则带有乡愁和家的味道，煮制便捷，可谓夜宵必备。

❽ 海瓜子

海瓜子以浙江舟山一带出产的为最胜，亦有人工养殖的。其形似瓜子，是一种白色的小蛤蜊，生长在滨海滩涂中。海瓜子肉质细嫩，口味清爽。葱油海瓜子、香菜姜丝海瓜子均是地道美味。

此外，以鳗鱼鲞、鱿鱼鲞、带鱼鲞、玉秃鱼鲞及马面鱼鲞蒸熟而成的"渔都鲞拼"，以辣螺、香螺、八角螺、海瓜子及芝麻螺制作而成的"雪汁螺拼"，也让舟山原汁原味的"盘中明珠"们大放异彩。舟山普陀作为著名的渔都港城，有着得天独厚的地理环境和丰富的海洋物产，这给当地带来了源远流长的饮食文化，泽被后代子孙与四方来客。

普陀风土物产

❶ 晚稻杨梅

晚稻杨梅因成熟期迟于其他品种 20 天左右而得名。其成熟期长，口感极佳，为国家地理标志产品，多次在省内外获奖，先后多次获浙江省农博会金奖，是舟山著名的特产水果。舟山晚稻杨梅栽培历史悠久，已有千年。其属乌梅类品种，果面紫黑色，果实近圆形，果大核小，肉质柔软，汁液丰富，富有特殊的香味。晚稻杨梅酸甜可口，肉核易离，品质优异。以舟山晚稻杨梅制作的舟山杨梅烧酒，是舟山的特产名酒。

❷ 普陀佛茶

普陀佛茶因生长在云雾缭绕的普陀山而得名，属于绿茶，是舟山普陀特产，为国家地理标志产品。普陀佛茶历史悠久，约始于唐代，早在清朝时期就成为贡品。历史上普陀所产茶叶属晒青茶，称"佛茶"，又名"普陀山云雾茶"。"海天佛国"普陀山的最高峰佛顶山，常年多雾，云雾弥漫，雨量充沛，土地肥沃，茶园生态环境优良，所产茶叶品质优异。

❸ 登步黄金瓜

登步黄金瓜又名"东洋黄金瓜"，因其个头小而得名，是普陀区登步乡的一个传统特色瓜果，是舟山普陀特产，其以独特的香、脆、甜等优良品质闻名。登步黄金瓜从清咸丰年间开始种植，延续至今，已有 100 多年的栽种历史，其特点是色泽深黄，外表光滑，香气浓郁，味甜而鲜。

❹ 普陀山观音饼

普陀山观音饼是普陀区的特色传统名点，在原来普陀山素饼制作工艺的基础上结合中国现代食品加工工艺和高科技生产工艺精制而成，以海苔、黑芝麻、花生、豆沙等为主要原料，经过配料、拌料、搓皮、开馅、包饼、压盘、烘烤等环节精制而成。成品色泽金黄，具有外酥里糯、香味浓郁、不黏牙等特点，嚼起来口齿生香，具有浓郁的普陀山海天佛国的文化特点和地方特色。

一城山水经典　千年诗画新昌
—— 新昌

　　新昌风景秀美，山清水秀，环境优良，素有"东南眉目"之美誉，是浙江省级文明县城、园林城市和生态县，人居环境优越，实现了经济与生态环境协调发展。天姥山的秀美、大佛寺的禅意、十九峰的苍翠，是新昌自然与人文资源的代表，不仅如此，从舌尖上领略当地的人文信仰、生活习俗也很有意思。大佛龙井、小京生、春饼、芋饺以及炒年糕，都是新昌物产与美食的绝佳代表。

　　新昌农业发展有特色，是中国名茶之乡、全国十大重点产茶县。大佛龙井蝉联两届"浙江十大名茶"，并荣膺中国驰名商标。新昌拥有天姥山国家级风景区，以及大佛寺和达利丝绸园两个 4A 级景区，是唐诗之路、佛教之旅、茶道之源的精华所在，是浙江省旅游经济强县。

　　新昌历史上曾经历东晋、南宋、南明三次北方士族南移，士族带来的风俗、风味也经过了千百年融合。新昌天姥宴是"诗画浙江·百县千碗"活动中被广为称颂的新昌佳肴荟萃。

新昌食俗

新昌历史悠久，山水清奇，民风淳朴，岁时习俗流传久远。农历腊月后半月，家家户户"掸尘"，办年货，舂年糕，裹粽子，炒馈货，煮福礼，做小吃，准备过年。腊月三十年夜饭，除丰盛佳肴以外，常有芋艿、南瓜、八宝菜，寓意"年年有余"和"招财进宝"。

新昌人多以米海茶待客，即用糯米制作而成的米胖，加以白糖、金豆，用开水冲泡，既可做饮料，也可做点心，味道香甜，颇有特色。大年初一给长辈拜年，初二开始走亲访友。元宵节前一夜（俗称"十四夜"），无论城乡，均制作元宵亮眼羹，食元宵亮眼羹，以祈愿眼明心亮、诸事顺意。亮眼羹也叫羹汤，做法简单，配菜多样，一般放荠菜、年糕、榨面、鸭血、鸭胗、鸭肠及油豆腐等。元宵节逛灯会，吃汤圆。

立夏有吃囹圄蛋、糯米饭、青梅的习俗。当天吃鲜笋时整株食用，称为"健脚笋"；午餐后称体重。沙溪地区有吃米鸭蛋的习俗，回山一带则吃咸肉和籼米、粳米、糯米煮成的蚕花饭。

端午吃"五黄"，即黄鱼、黄鳝、黄瓜、雄黄酒、黄豆。中午吃汤包。农村有端午采草药的习俗，采野紫苏、夏枯草、青木香等收藏以备不时之需。中秋节，分食月饼与水果，以庆祝团圆。重阳节，有约伴登高、吃重阳糕的习俗。冬至，俗称"冬至大如年"，普遍吃冬至粿。

新昌特色美食

新昌风味食品种类繁多，制作过程简单，带有浓郁的地方特色。如"糟

鸡糟鸭糟大肠""腊鸡腊鸭腊白鲞""扣肉扎肉粉蒸肉"，各有特色，令人
回味。

❶ 三套肉

即鸡内藏猪肚，肚内藏猪肉，蒸制完毕后切片，可蘸酱油或者椒盐，味
道鲜美，烹法特别。

❷ 糟三宝

糟三宝选用上等制酒香糟，家畜、家禽均可糟制，如糟鸡、糟鸭、糟大
肠等。糟三鲜拼盘，形式多样，风味独特，食客可随自己喜好下箸。

❸ 肉糕层叠

肉糕层叠选用猪腿精肉、鸡蛋、豆腐皮，制作精良，色艳味美。凡婚嫁
寿庆、逢年过节必备此菜，寓意团圆美满、吉祥如意。

❹ 乌楮豆腐

乌楮豆腐略带苦涩，清凉爽口，消暑解渴，别具山野风味，还具有止泻
的独特功效。

❺ 烟山鸡

烟山鸡全鸡呈金黄色，香酥肥嫩，作料色彩缤纷，滋味鲜美。此菜为著
名营养药膳。新昌菜除了讲究色、香、味、名、形之外，还有"声"。榨菜
片除了能增添鸡汤中特殊的鲜、香之味外，嚼之发出响脆之声，亦是欢快
之事。

❻ 沙溪老鸭煲

选用沙溪老鸭，配上酸萝卜、金华火腿、香菇、笋干，熬制10多个小
时，才有了这道滋补的沙溪老鸭煲。

❼ 门溪鱼头

由门溪水库有机鳙鱼（俗称胖头鱼）烹饪而成，鱼头鲜嫩味美，豆腐酥

嫩，既可配酒，又可下饭。

❽ 古驿茶香肉

选用农家放养猪五花肉制作，成品肥而不腻，香、鲜、软、糯，佐酒、下饭均宜。

❾ 回山茭白

采用海拔高、昼夜温差大、生长期长的回山茭白，剥去外衣，肉白嫩且味鲜带甘甜，可选不同作料辅食。

❿ 镜岭螺蛳

选用十九峰清溪中的小螺蛳，色泽美观，炒制香美，清蒸鲜美。

⓫ 炒年糕

新昌炒年糕是配上入味的肉丝、蛋皮、笋丝等炒制而成的。这道美食承载了新昌人对故土浓浓的乡愁。在生活贫困的年代，以炒为贵，"炒"表达了人们追求美好生活的念想与期盼。"吃年糕，年年高"，"人心多好高，谐声制食品。义取年胜年，借以祈岁稔"。新昌炒年糕曾荣获"2017 浙江十大农家特色小吃"第一名，并入选"舌尖上的浙江——2017 浙江农业博览会金奖产品鉴赏推介会"推荐食材。

⓬ 镬拉头

其如厚实的春饼，中凹如锅形，大小和厚度均为春饼的三四倍，用镬拉头包裹马兰头、马铃薯等山野土菜，别有风味。

⓭ 芋饺

芋饺是新昌著名的传统小吃，主要用芋艿拌上番薯粉做成，其质细腻、软糯、嫩滑、浓稠，有黏性。做成之后，芋饺的肉馅非常鲜美，这得益于芋饺面皮可以完好地隔绝煮芋饺的汤汁，成品口感柔糯，滑溜可口。

⑭ **春饼**

春饼象征着一元复始，万象更新，在新昌食俗中占据一席之地。立春后，大地一片生机盎然的景象，采马兰头等野菜来卷春饼，也是当地的一道风景线。每逢农历过节，新昌人都会用到春饼。春饼形如满月，薄如蝉翼，白中透黄，酥脆香美。时至今日，春饼早已成为新昌人日常生活中和家宴、喜宴、寿宴中不可缺少的美味。

⑮ **澄潭汤包**

新昌乡贤张载阳在他所著的《越游便览》中，介绍了新昌特色点心澄潭汤包。新昌的汤包并非馄饨，而近似于"灌汤包子"，其形状美观，肉汁鲜香，皮薄味美。

⑯ **糖麦饼**

将面粉搅拌成粉团，用短面棍擀成一张张大小如盘的圆饼，在饼面上撒上熟芝麻、红糖、金橘饼、热花生碎末一类，然后将生面饼对折成半圆，压实边缘，放入锅中烤熟即成。

⑰ **米鸭蛋**

用艾青勾兑面粉制作外皮，再选用松花粉、米粉、糖做馅，因其外形像鸭蛋，故名米鸭蛋。立夏吃米鸭蛋，有祈祷夏季平安、吉祥、如意之意。

⑱ **新昌榨面**

新昌榨面的制作简单、方便、省时，它是新昌人最重要的主食之一。不同于云南过桥米线繁复的制作流程，新昌榨面以早稻米粉制作而成，其制作方法简单，成品易于保存，口感清爽，符合江南人快节奏的生活，深受当地人喜爱。在过去，新昌榨面是招待"毛脚女婿"（对可能成为自己女婿的小伙子的戏称）的食物。一碗面里藏有大文章，若榨面下没有藏蛋，说明丈母娘没相中，但如果藏有两个鸡蛋，则"毛脚女婿"大可扬眉吐气。

⑲ 安山十八灶

新昌县镜岭镇安山村沿着山体高低错落分布，村里组织翻修了闲置农房，建起了十八个灶，由村中烹饪技术好的村民制作各自的拿手菜。灶头、农家菜、柴火饭……十八灶变成了乡愁的载体。安山百家宴的形式由来已久，从明朝永乐年间出现的八大碗十大盆，渐渐演变成了如今的十八灶。

十八灶菜品主要由冷盘、柴锅炖菜、安山招牌、农家小炒、蒸菜、汤品、主食点心及养胃饮品所构成，道道体现出原生态的农家味道。其中，冷盘主要有黄芪豆腐、凉拌野菜、腌大蒜、小京生、豆腐渣；柴锅炖菜有猪肺、排骨冬瓜、芋艿豆腐、黄豆筒骨、油豆腐烧肉；安山招牌有安山红烧肉、安山农家鸡、涧水螺蛳、稻香溪鱼；农家小炒有农家新土豆、山野苦麻、清炒莴苣、南瓜叶粉皮、回锅肉、煎豆腐、番薯叶茎、山野芒菜；蒸菜有咸肉萝卜干、小笋蒸蛋羹、酱拌姜、安山萝卜；汤品则有番薯面汤、芋饺汤、番茄笋干丝瓜汤、鞭笋汤；主食点心则为柴米饭、锅巴泡饭、玉米饼、番薯丝、镬拉头或酥脆锅巴；养胃饮品可以是醇香米汤、绿豆汤或现磨豆浆。

⑳ 新昌天姥唐诗宴

近年来，新昌依托浙东唐诗之路首倡地和精华地之优势，将唐诗文化与地方特色美食相融合，烹调出一桌充满文化韵味的"新昌天姥唐诗宴"。如"飞流直下三千尺"代表了新昌地道美食——榨面；"剡溪一醉十年事"里的食材为河虾，从新昌剡溪中捕捞上来的河虾，配上笋干，美味无穷。

新昌风土物产

❶ 小京生

小京生又名"小红毛"，为明清贡品，是新昌的传统特产，也是全国稀有的优良品种，其颗粒饱满，果壳薄，果仁香中带甜、油而不腻，松脆爽口，色香味俱佳。小京生一般带壳炒吃，嫩的则可以水煮。如果与红枣、莲子等物一起熬粥，则是一道颇为考究的风味美食。

❷ 迷你小番薯

选自东茗乡的迷你小番薯，个头小，红皮黄心，就像一支支刚刚从土里挖出来的红皮"小人参"，轻轻掰开，水汪汪的果肉泛着一股淡淡的甜香，可以用沸水煮熟食用。

❸ 大佛龙井

大佛龙井主要分布于海拔 400 米以上的高山茶区，优越的地理条件造就了大佛龙井优良的品质。大佛龙井选用高山无公害良种茶园的幼嫩芽叶，经摊放、杀青、摊凉、挥干、分筛整形等工艺精制而成，具有外形扁平光滑、尖削挺直，色泽绿翠匀润，香气嫩香持久、略带兰花香，滋味鲜爽甘醇，汤色黄绿明亮，叶底细嫩成朵、嫩绿明亮等特点，具有典型的高山茶风味。大佛龙井是浙江省名牌产品和中国国际农博会名牌产品。

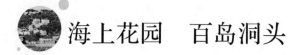

海上花园　百岛洞头

——洞头

　　洞头位于浙江东南沿海，瓯江口外，温州市东部，东临东海，南与瑞安市的北麂乡、北龙乡隔海相望，西与龙湾区的永强地区隔海相对，北与乐清市、台州玉环市隔海相望。洞头列岛"外载海洋，内资三江（瓯江、鳌江、飞云江）"，是全国 14 个海岛区（县）之一。洞头海湾众多，岸线曲折，海岛生态优美。302 座岛屿如同珍珠般散落在东海之滨，清代诗人王步霄曾赞曰："海外桃源别有天……此间小住亦神仙。"著名作家、诗人余光中以"洞天福地，从此开头"赞誉洞头。

　　洞头是浙江第二大渔场，渔场面积 4800 多平方公里，拥有鱼虾类 300 多种，贝类 20 多种，海产丰富，荣获中国文蛤之乡、中国羊栖菜之乡和浙江省紫菜之乡称号。洞头因先锋女子民兵连和电影《海霞》扬名，是海霞的故乡。2003 年，时任中共浙江省委书记习近平同志提出"真正把洞头建设成为名副其实的'海上花园'"的殷切期望。2015 年洞头撤县设区，近年来洞头积极践行"绿水青山就是金山银山"理念，实现渔村变花园的构想。

洞头食俗

洞头饮食习俗伴随着社会的发展、人们生活水平的不断提高而发生着变化。农历正月初一，早餐要烧红枣蛋汤和线面，预示团圆、红火、长寿。洞头俗语有云："初一转（吃细粮），初二搅（细粮拌地瓜丝等粗粮亦可），初三囫囵条（可吃地瓜丝等粗粮）。"

元宵节俗称上元节，渔乡灯会很是热闹，有鱼灯、龙灯、马灯、花鸟灯、孔明灯及水灯等。海面上冉冉升起的孔明灯，蔚为壮观；放在水面上的海蜇灯，让灯火充盈海港，装点了节日，美妙了气氛。

农历二月初二吃"菜饭"。农历五月初五，俗称五月节。早餐大多吃粽子，粽子有米粽、豆粽。豆粽以小蚕豆掺糯米制成，米粽有咸粽（夹有猪肉、花生仁和蛏子肉等）和甜粽（夹有花生米和红枣等）。炒蚕豆，煮鸡蛋和鸭蛋，喝雄黄酒都是当地端午之俗。农历六月初六，有的人家吃麦饼，晴天晒衣被。农历八月十五中秋节，当地俗语有云"八月十五米粉芋"，过去晚餐常烧粉干、毛芋，现在相对随意，吃月饼，备瓜果糕点，待海上升起明月之时赏月，是应景之习俗。

冬至日，早餐吃汤团，意味着长大一岁。将米粉做成各种小动物形状，蒸熟，被称为"鸡母狗儿"，表示六畜兴旺。农历十二月二十九日或三十日，酒菜格外丰盛，合家欢聚吃团圆饭。当天，人们要烧一碗大米饭（称为"过年饭"）留着过年，一直放到正月初五，表示年年有饭吃。在洞头，有海岛祝寿的礼俗。为50岁以上的老人过生日称为"做寿"，此俗已在洞头流传二三百年。

洞头特色美食

❶ 原味八大盘

原味八大盘是洞头传统菜肴的代表，其以原汁原味在洞头民间流传逾百年。原味八大盘由海鲜咸饭、团结一致、百花齐放、养生姜茶、琥珀蛏羹、息火鮟鱇、龙须乳羹、香煎肉圆所构成。海鲜咸饭是由大米、肉类和干海鲜合煮而成的"渔家便当"，原材料搭配得当、咸鲜合一，深受当地人与游客喜爱；团结一致以番薯粉为主，各种海鲜干制品为辅，猛力搅拌而成，主料、辅料紧密联结在一起，所以取名"团结一致"，成品外表金黄酥脆，内里有嚼劲，令人回味；百花齐放则选用墨鱼干（又名螟蛹鲞，洞头民间说法是陈年螟蛹鲞具有清热去火的功能）、咸鸭蛋黄、黄花菜及黑木耳同煮，色彩多样，如同花朵，不仅滋味鲜美，而且具有清热降火之功能，深受夏季游客欢迎；养生姜茶具有祛寒暖胃、健身强体的功效，原为待客的点心，现在则成为酒桌上广受欢迎的菜肴；琥珀蛏羹以洞头所产蛏子为原料，番薯粉与蛏子肉调和为糊煮成羹汤后，蛏子被包裹于半透明的番薯粉里，如同琥珀，晶莹剔透，羹汤清鲜，蛏体既糯又滑；鮟鱇被当地渔民称为蛤蟆鱼，富含胶原蛋白，具有清热降火、生津止咳的作用，烧煮时加入白萝卜丝，清火效果更为明显，故名"息火鮟鱇"；龙须乳羹选料为龙须菜、石乳及豆腐，龙须菜具有软坚化痰之功效，而石乳又称海葵，将两味食材与豆腐同煮，营养与美味相得益彰；香煎肉圆将鲜肉与番薯粉搭配，油而不腻、香糯可口，是洞头过去宴客的最后一碗菜肴，取圆满之意，令人回味无穷。

❷ 猫耳朵

猫耳朵是洞头的特色小吃，不同于杭州传统面点猫耳朵，洞头的猫耳朵可甜可咸。晶莹透亮的猫耳朵以番薯淀粉为主料做"皮"，以花生、芝麻、糖等做馅，添加姜丝与红糖进行调和。洞头猫耳朵融合了芝麻和花生的香，番薯的清甜，弹性与韧劲十足，令人回味无穷。

❸ 海鲜薯面

温州方言将番薯粉面称为"银丝面"，将番薯淀粉摊煎后切成粗面条形状，加各种时令海鲜如鳗鲞、墨鱼、虾仁、蛤蜊等同炒，炒熟后加入少许黄酒即成。成品滑溜润爽，山珍与海味相配，口感佳美。

❹ 芙蓉蛤蜊

将野生蛤蜊脱壳后与鸡蛋同蒸，蒸熟后撒一把香葱即可。外形美观、滋味鲜嫩、营养丰富的蛤蜊被称为"天下第一鲜"。

❺ 青椒鱼饼

墨鱼饼为洞头特产，将雌雄墨鱼内囊合在一起捏碎调匀为浓稠的胶体，取适量在油锅里摊煎成饼状，慢火双面翻煎后再放入蒸笼蒸熟后即制作完成。色泽微黄、口感鲜韧的墨鱼饼若与青红椒、黑木耳等同炒，色彩更为丰富，口味鲜香。

❻ 牡蛎花开

此道菜肴以洞头当地所产野生牡蛎为主要食材，将其与面粉、鸡蛋及香葱等搅拌，摊煎后切成水滴形，再按照花瓣形状进行装盘。牡蛎花开不仅色、形、味俱佳，还含有多种人体所需的氨基酸、维生素、铁、钙等营养元素。

❼ 花菜泡胶

将鳗鱼或鮸鱼的鳔晒干成鱼胶，切成小段，经油氽或盐炒，即成泡胶。泡胶营养丰富，在民间被作为滋补佳品。洞头本地花菜茎细长，花嫩脆，与泡胶一同烹煮，营养丰富，一直广为食客所喜爱。

❽ 葱油鲳鱼

鲳鱼肉厚刺少味佳，富含蛋白质、不饱和脂肪酸和多种微量元素，可以降低人体的胆固醇含量，常以蒸的方式进行制作，最大限度地保留了食物的原汁原味。

❾ 脆皮水潺

水潺学名龙头鱼，肥美的水潺通体柔软、肉质松软，连骨头也是酥软无比。水潺含水量高，将水潺切成片，拌入脆皮调料，入油锅略炸后起锅，菜品呈现卵黄色，口感松脆。

❿ 鲈鱼豆腐

鲈鱼肉质细嫩爽滑，为近海有名之鱼类，富含多种维生素及微量元素，或清蒸，或炖煮，味道俱佳。豆腐以其丰富的植物蛋白和滑润的口感，与鱼肉细嫩的质感造就了汤色乳白、味道鲜美的佳肴。

⓫ 西芹鳗鲞

鳗鲞是当地所产海鳗的干晒品，为优质海产品，将鳗鲞与西芹搭配，辅之以红椒，不仅色泽美丽，且味道鲜美。

⓬ 紫菜鱼丸

紫菜是洞头特产，每当紫菜收获的季节，海边滩涂上晾晒的紫菜蔚为壮观。早在汉代时，紫菜便被认为是美味海藻，北宋时被列为朝廷贡品。现代药学研究发现，紫菜有提高人体免疫力的功能，将紫菜剁碎后与切成条状的墨鱼肉放在一起，加入番薯粉搅拌至黏手，入锅煮成汤即可，成品营养丰富、味鲜爽滑。

⓭ 双丸合璧

过去，洞头渔家请客的风俗里，第一碗是汤圆，而最后一碗是肉圆，寓意圆圆满满。现在，当地人制作了紫菜丸，将其与肉丸同置一盘，既是对传统习俗的传承，也实现了对健康的追求。

此外，洞头还有黄鱼长寿面、薏仁南瓜蟹、龙须海鲜鸭及黄芪鲈鱼脍等药膳类菜肴，为大众所欢迎。

洞头风土物产

洞头海域渔业资源丰富，能捕捞的鱼类有 300 多种，其中常见的有 40 余种。主要鱼类有：小黄鱼、黄姑鱼，棘头梅童鱼、鲚鱼、鳓鱼、鮸鱼、鲳鱼、鲈鱼、魟鱼、黄鲫、龙头鱼、海鳗、带鱼、马鲛鱼、白姑鱼、石斑鱼、竹荚鱼、鲨鱼、鳎鱼、东方鲀、鲻鱼、鲥鱼、海鲫等。岩礁潮间带生物和沙滩潮间带生物种类丰富。常见品种有：泥蚶、缢蛏、泥螺、彩虹明樱蛤、青蛤、疣荔枝螺、瘤荔枝螺、锯缘青蟹、龟足、藤壶、弹涂鱼、粗脚厚纹蟹、棒锥螺、棘刺牡蛎、寄居蟹、痕掌沙蟹、海蟑螂、厚壳贻贝、石花菜、海萝、鼠尾藻、孔石莼、紫海胆、马尾藻、紫菜、羊栖菜等。

❶ 羊栖菜

羊栖菜俗名大麦菜，属褐藻门马尾藻科暖温带性海藻，生长在低潮带岩石上，多分布于沿海地区，其中浙江沿海最多。羊栖菜肉质肥厚多汁，营养丰富，既是食品，又是中药材，《名医别录》《本草纲要》都有以其入药的记载。据现代科学检测，羊栖菜含有丰富的钙及人体必需的矿物质、B 族维生素、17 种氨基酸等。研究发现，这些有效成分具有软化血管，降低血压、血脂，改善血糖值，增进大脑健康发育等多种功效。欧美地区和日本等国称之为"现代饮食生活的理想食品"、长寿食品、当今最有食用价值的海洋藻类。它是婴幼儿和老年人理想的天然佳品。洞头羊栖菜自 1989 年试养成功后，开始推广养殖，历经 30 多年发展，现已成为洞头区浅海藻类养殖主要品种之一。洞头被中国优质农产品开发服务协会命名为"中国羊栖菜之乡"。

❷ 洞头紫菜

坛紫菜，俗名紫菜，属红藻类，原野生于岩礁上，很早就被人们认识、利用。早在 2000 年前的汉代，就有食用紫菜的记载；北宋年间，紫菜受到朝廷垂顾，成了进贡的珍贵食品；明代李时珍《本草纲目》把紫菜入药，更是提高了紫菜身价。当代医学揭示，紫菜营养丰富，含蛋白质、钙、铁、磷、锌等成分，有增强免疫力的功效。

❸ 鹿西大黄鱼

大黄鱼，又名黄鱼、大黄花鱼，硬骨鱼纲，鲈形目，为传统"四大海产"（大黄鱼、小黄鱼、带鱼、乌贼）之一，是中国近海主要经济鱼类。中国沿海大黄鱼主要分布于黄海南部至台湾海峡北部，包括吕泗洋、岱衢洋、嵊山渔场，猫头洋，洞头洋，福建的官井洋直至闽江口海域及珠江口以西至琼州海峡南海区。鹿西岛海域是洞头洋渔业捕捞基地和野生大黄鱼传统产区，特别是 20 世纪五六十年代达到盛产高峰。由于过度捕捞，洞头渔场海洋生物资源日益枯竭，尤其是野生大黄鱼等名贵鱼种濒临绝种。鹿西岛海域大山屿海区、仰天岙海区及白龙屿海区等水深 10—15 米，无论是水质、水流还是水温均非常适宜养殖大黄鱼。

❹ 灵昆青蟹

青蟹属名优水产品，是一种肉肥膏腴、肥满度高、营养丰富的食用蟹。灵昆是从温州进入洞头时，14 个住人岛中的第一个。灵昆滩涂地处温州市瓯江口，处于咸淡水交汇处，水质肥沃，水温适中，宜于青蟹繁殖生长。近年来，青蟹野生资源骤减，灵昆岛青蟹人工养殖迅速崛起，有"青蟹之乡"的美誉。灵昆青蟹有较高营养价值，蟹肉含蛋白质、脂肪、糖类、各种维生素等，多与文蛤混养，效益甚佳。

❺ **灵昆甜瓜**

甜瓜，又名香瓜、白菊瓜、白啄瓜，是葫芦科黄瓜属一年生蔓性草本植物。叶心脏形，花单性、黄色，雌雄同株，或为两性花。瓜呈球、卵、椭圆或扁圆形，皮色黄、白、绿或杂有各种斑纹。原产热带，我国各地普遍栽培，为夏季的优良果品之一。灵昆岛属亚热带海洋性季风气候区，四季分明，冬暖夏凉，温暖湿润，雨量充沛，日照充足，土壤肥沃，适宜甜瓜生长。灵昆甜瓜为白皮甜瓜种，具有果皮薄脆、表面光滑、色泽玉白的特点，平均果重300克，大果达500克，果肉香甜，回味悠长。

❻ **洞头海陶**

洞头海陶是采用海洋深处的海泥，经过一系列工序，高温烧制而成的陶器。洞头海陶外形质朴，铁元素含量丰富，海陶制作的过程满足了都市人返璞归真的心理诉求。

❼ **洞头海洋动物故事**

洞头海洋动物故事由长期在海岛流传的民间传说故事所构成，海洋动物故事以口耳相传的方式，在温州洞头形成和传播已经有近200年历史。构思奇妙的故事情节，体现了海岛百姓的生存智慧和审美观念。2008年，洞头海洋动物故事被列入浙江省非物质文化遗产名录。2011年，洞头申报的海洋动物故事经国务院批准被列入第三批国家级非物质文化遗产名录。

韵味楠溪　山水永嘉

——永嘉

　　永嘉县，系浙江省温州市下辖县，位于浙江省东南部，瓯江下游北岸，东邻乐清市，南与温州市区隔江相望，西接青田县、缙云县，北连仙居县、黄岩区。永嘉"八山一水一分田"，县域面积2677.64平方公里，占温州全市的1/4，是全国首批沿海对外开放县、中国文化旅游大县、中国千年古县，素有"中国长寿之乡""中国纽扣之都""中国拉链之乡""中国教具、玩具之都""中国山水诗摇篮"等美称。

　　从海产到山珍，从大餐到民间小吃，永嘉风土物产与美食，令人回味。《永嘉县志》记载，沙岗粉干和岩坦素面，远在宋代已成为食中佳品，明朝首辅张璁将沙岗粉干作为贡品，进献给皇帝，使得"龙颜大悦"。两麦两炒（永嘉麦饼、麦塌镘、炒粉干、炒素面）、两鱼两烤（红烧田鱼、家烧香鱼干、烤全羊、巽宅烤鹅）、清汤螺蛳、金粉饺等都是永嘉流传久远的地道美食，乌牛早与早香柚亦是永嘉著名的地理标志产品。

永嘉食俗

在永嘉，农历二月初二古称中和节，民间称春龙节、龙抬头。此日全县大部分地区有吃芥菜饭的习俗，即将猪肉末与芥菜放入米饭中，也可佐以香菇、冬笋。端午节则被称为重五节，家家吃重五粽，同时还吃鸡鸭蛋、大蒜，饮雄黄酒。七夕又称女儿节、乞巧节，乡间农家磨粉做巧食或饼，互馈邻居。中秋则小摆家宴，晚间享用瓜果和月饼，中秋夜，民间有望月吟诗、挂灯猜谜的习俗。重阳日则有蒸九层糕吃的习俗，九层糕，九层相重，有重九之意。

立春日，民间有煮白豆、黑豆或红豆，拌红糖作茶饮的习俗，俗称"吃春茶"。立夏时，有做"立夏饼"、吃豆腐的习俗。山区家家吃笋、槐豆，吃青梅，烧青茶。冬至则有合家吃汤圆、馍糍的习俗，民间有"吃了冬节汤圆长一岁"的说法。

永嘉特色美食

❶ 永嘉麦饼

麦饼是永嘉人的主食之一，也是温州的名小吃，最初诞生于永嘉沙头。沙头历来是舴艋停泊、旅客歇脚与候潮的埠头，此地别有风味的麦饼，是旅客们常备之干粮。沙头麦饼、岩坦麦饼和岩头麦饼都具有代表性。麦饼食之松脆、喷香，在楠溪江景区的路边小吃摊都可以买到。松软脆香的麦皮，咬上一口，浓郁的肉汁瞬间迸出，霉干菜的咸味儿与肉的油润相得益彰，食之松脆，爽口无比，回味无穷。

❷ **楠溪素面**

永嘉制作素面迄今已有上千年历史，这是楠溪江两岸村民历代传统的家庭副业，素面亦称纱面、索面。楠溪素面细如银丝，洁白柔韧，其成品常被交叠成"8"字形，由此得名"8"字面。刚做好的素面，须置于阳光下曝晒几日，此时，白色的素面挂满了村前院后，纤丝翻飞、素面飘飘的场面赏心悦目、蔚为壮观，堪称楠溪一景。楠溪手工素面味道清鲜。其在制作过程中，用盐量控制合理，因而具有韧性好、口感佳的特点。素面烹饪方法简便，男女老少皆宜：配好汤料，待水开后下面，煮沸即熟。此时的素面晶莹柔滑、口感绝佳。在永嘉农村，走亲访友、弄璋弄瓦之喜、婚嫁祝寿之时，素面是一道离不了的吃食。一碗素面，浇一点黄酒，放上炒好的姜末、香菇、肉末，再盖上煎鸡蛋，香味扑鼻，实乃人间美味。

❸ **沙岗粉干**

粉干乃温州特产之一，而楠溪江中游的枫林镇，则盛产传统细粉干。沙岗是枫林镇西北楠溪江东岸六个村的总称，在此所产粉干统一命名为"沙岗粉干"。沙岗粉干取材于楠溪江自然山水，境内连绵起伏的沙丘成为晾晒粉干的绝佳之地。细如纱线的粉干，炒煮皆宜，炒之有嚼劲，煮之则汤清不浑浊。广受欢迎的沙岗粉干早在宋代就已闻名，在明朝曾为贡品，今天，沙岗粉干既可用作走亲访友时的伴手礼，也可用于宴请场合。

❹ **永嘉田鱼**

永嘉稻田养鱼有着悠久的历史。据楠溪民间传说，三国吴时楠溪先祖就已利用稻田养鱼，迄今已有1700多年的历史。据史料记载，永嘉还是我国稻田养鱼的发源地之一。

田鱼是鲤鱼的一个地方性养殖品种，因为习惯于稻田中生活，故俗称"田鱼"。长期在稻田中养殖的田鱼，较普通鲤鱼性呆，不爱跳跃，不易逃逸。永嘉田鱼作为鲤鱼的一个变种，形似鲤鱼，味胜鲫鱼，鳞如鲥鱼，色若金鱼，是适合稻田养殖的优良鱼种。

❺ 香鱼

楠溪江香鱼为瓯江八珍之一，是楠溪江一种奇特、名贵的淡水鱼，俗称"溪鲤"，也叫瓜鱼，栖息于大小楠溪，上至巽宅、溪口，下至沙头，尤以大楠溪所产最佳。明万历《温州府志》记载，香鱼"长三四寸，味佳而无腥，生清流惟十月时有，与乐产少异"，香鱼肉细味美，具有特殊香味，为上等食用鱼。香鱼在国际市场上有"淡水鱼之王"的美誉，做法以清炖、白烧为最佳，烘焙后的香鱼干味道绝佳。

❻ 金粉饺

金粉饺也称锦粉饺，是浙江永嘉楠溪江一带的特产小吃。楠溪江环境宜种番薯，待其成熟后将其加工成淀粉。金粉饺以红薯淀粉为原料，以盘菜、碎肉、冬笋、豆腐等做馅，包成三角形（或半月形），蒸熟存放，吃时再煮热加作料，是冬至、春节或平时待客之食品。

永嘉风土物产

❶ 乌牛早茶

乌牛早茶是中国古代的名茶，至今已有300多年的栽培历史，因其出产于温州市永嘉县乌牛镇、罗东乡等地，比其他品种早发一个月左右，故被称作"乌牛早"。永嘉乌牛早主产于浙江省永嘉县乌牛、罗东等区域，是全国最早上市的特早名茶之一。其形扁削显毫，色泽绿翠光润，叶底翠绿肥壮，匀齐成朵，香气浓郁持久，汤色嫩绿、清澈、明亮。

乌牛早茶的生产时间在每年二月底至四月中,雨水开采,谷雨结束。乌牛早成品呈扁形绿黄,如雀舌,其状如龙井茶,条索细紧。乌牛早特级鲜叶标准是一芽一叶、一芽二叶初展。乌牛早为国家地理标志产品。

❷ 永嘉白酒

永嘉烧制白酒的历史悠久,古代时,家家户户都能烧制供自家饮用的白酒。永嘉县内有楠溪江国家级风景区,楠溪江水质优良,清甜可口;当地优越的自然条件,适宜糯米种植:这一切都使得永嘉酿制的白酒品质优良。

永嘉人依循最传统的方法酿制白酒。永嘉白酒一般在春夏之时的晴天酿制。其主要原料有糯米、酒曲、水等。所用的糯米均为本地产,淀粉含量合理。永嘉白酒具有口感纯正、芳香绵长、酒力强劲等特点,适当饮用能够活血通脉、增进食欲以及消除疲劳。手工酿制的白酒物美价廉,深受当地百姓的喜爱。

❸ 仙桂月子酒

月子酒,是妇女生小孩后坐月子时饮用的酒。早在南宋时期,永嘉桥下镇就有酿造月子酒的习俗,其兴盛于明清,代代相传,至今历 700 余年。过去桥下曾名仙桂乡,因此,当地月子酒也冠有"仙桂月子酒"之美称。

❹ 早香柚

永嘉被称为中国早香柚之乡,是早香柚的发源地和主产区,永嘉栽培柚子至今已有 1000 多年的历史。永嘉早香柚是浙江省名优水果推广良种,获得过浙江省十大名牌柑橘、中国农业博览会金奖、全国柚类品质评比金奖等荣誉,堪称"中国第一早柚",是永嘉的金名片之一。

永嘉有着深厚的历史人文底蕴。永嘉境内有丽水街(又名丽水长廊)、芙蓉古村(始建于唐代末年,因西南有三个高崖状如芙蓉而得名)、苍坡古村(建筑理念源自文房四宝,为浙江省历史文化名村)、埭头古村、林坑古村、屿北古村以及岭上人家（本名"岭上村"）等独具特色的历史古村落。"山中何所有，岭上多白云"描摹了这里山水成诗、田园入画之美景。

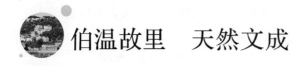# 伯温故里　天然文成

——文成

文成，地处浙江省南面，温州市西部、飞云江中上游。东邻瑞安市，南接平阳县、苍南县，西倚泰顺县、景宁畲族自治县，北接青田县。文成以明朝开国元勋刘基的谥号为名，是一个具有独特人文魅力的县城。文成深厚的文化底蕴孕育了明朝开国元勋刘基、当代新闻泰斗赵超构、叶氏太极创始人叶大密等众多历史文化名人。

文成素有"浙南绿色明珠""长寿之乡"之美誉，山地面积占全县总面积的82.5%。文成属亚热带海洋性季风气候，常年温暖湿润，雨量充沛。文成县境内有百丈漈·飞云湖、铜铃山、龙麒源和刘基庙等景点，创建有"刘伯温故里""华夏第一瀑""壶穴奇观""飞云湖滨水休闲""朱阳奇峰"及"红枫古道"等县域特色旅游品牌。县内多个风景区夏季平均温度15℃，是旅游避暑胜地。

文成县域地处中国东南沿海，属于山区、半山区地带，民俗种类丰富、内容各异。近年来，文成县一直围绕"生态旅游县"和"生态文成、魅力文成、和谐文成"发展战略，大力发展生态旅游业。该县以推进省级"文化强县"建设为统揽，全面实施"文化提升三年行动计划"，走出了一条以刘伯温文化为龙头，以畲族文化、侨乡文化、红色文化、孝文化等为特色的多元文

化发展之路。全县现有国家级非物质文化遗产 2 项，省级非物质文化遗产 3 项，市级非物质文化遗产 67 项，县级非物质文化遗产 152 项。

文成食俗

文成境内民俗种类丰富，伴随民众生活水平的提升，一些习俗被赋予了明显的时代特征。县域主要传统节日和时令节日基本沿袭，比如除夕团圆吃年夜饭，清明做清明馍糍，端午包粽子、插艾蒿，中秋赏月、吃月饼，重阳登高远眺、吃重阳糕，冬至怀祖吃冬节圆，等等。

文成地处山区，但靠近沿海区域，山珍海味俱全。当地宴席的上菜习惯通常为先上六个冷盘（寓意六六大顺），或八个冷盘（寓意恭喜发财），或十个冷盘（寓意十全十美），冷盘荤素搭配；继而上热炒菜肴，主菜、主食、点心和汤羹的上菜过程讲究习惯顺序；最后是水果拼盘。传统宴席中，四道必不可少的菜肴为什锦粉丝、红烧猪蹄、家烧豆腐及农家香芋。本地所产烧酒有大米烧酒、谷糟烧酒、米仁烧酒及红梅烧酒等，也有用杨梅、猕猴桃等果类泡制的烧酒，冬令时节，农家自产自酿的糯米酒与红曲酒则受到青睐。本地寿宴菜单中，猪蹄与长寿面不可缺少。吃寿面时，要将寿面拉长拉高，寓意寿星将会福寿绵长。

当地畲族多居于山区，食品制作以稻米、番薯、豆类及野菜为主原料。喝茶是当地传统习惯，一般为两泡，也有三泡，畲民称其为"一泡苦，二泡补，三泡洗洗肚"。当地常年备有糯米、红曲做的红曲酒，用于款待宾客，具有滋补功能。糯米糍与豆腐是当地节假日或款待贵宾时必备之食品，糯米糍也称"糯米饽"，豆腐儿也称为"豆腐女"或"豆腐崽"。畲乡喜宴结束后，还有让邻里亲朋带回事先准备好的大块猪肉的习俗，谓之"分食大块肉"。农耕文化在当地有很好的保留与传承，比如尝新米饭，以稻草和米汤饲牛等。

文成特色美食

❶ 白落地温蛋

白落地是一种可以吃的野菜，也是一味清热去火的良药。白落地可以和鸡蛋一起炒着吃，鸡蛋是嫩黄的，叶子是绿色的，色彩鲜明，吃起来绝对美味。"白落地温蛋"是文成一道名菜。

❷ 伯温烧饼

刘基有"上知五百年，下知五百年"的美誉。相传，刘伯温曾作《烧饼歌》，展示了其预言才能，刘氏族人烹制了伯温烧饼以纪念。伯温烧饼以面作皮，菜干猪肉为馅，既美味可口，又充饥耐饿，在文成几乎家家都能做。

❸ 鱼腥草泥鳅汤

文成山区种稻谷，田里有很多田鱼和泥鳅，当地人在烹饪泥鳅时，会加入鱼腥草。鱼腥草又名折耳根，在文成山区较为常见，具有清热解毒的效果，与泥鳅一起炖汤，具有滑润细嫩、汤味浓醇的口感。

❹ 畲乡长桌宴

畲乡长桌宴是当地少数民族用于接亲、嫁女之类的大型宴饮活动。遇上重大节日，畲乡人会吆喝全族人摆起长桌宴，现在也会用于游客接待活动。传统的畲家特色美食，如地瓜粉丝、牛肉炖高山盘菜、马兰头烧土豆、肉末笋干、白落地温蛋、竹筒饭、糯米糍粑及农家豆腐等菜肴，一碗碗、一盘盘通过长长的排列组合，四人一圆筐，为远道而来的各位宾客献上满满的祝福。

⑤ 伯温家宴

伯温家宴，原指明朝开国元勋刘伯温后裔汇聚在诚意伯庙感怀先祖而设的家族宴会。这里也指后人为缅怀先贤，根据伯温先生《多能鄙事》和民间流传，选用一些具有纪念意义的菜肴以及当地传统的风味小吃，形成的具有鲜明地方特色的宴席。

伯温家宴主要由下述菜肴所组成：两袖清风、蒲瓜干、国师鱼、六月笋、文成粉丝、高山田螺、高山芋头、伯温贡兔、伯温瓦缸猪脚、文成拉面、红曲酒、伯温米仁酒、红米饭、刘府豆腐、三元及第、南田溪虾。这些菜肴不仅很好地保留了文成当地美食的风味，也兼具诸多食疗价值。

⑥ 两袖清风

原料为清风丝，即大青叶。相传刘伯温帮助朱元璋一统天下后，即立军法、诤言上谏，制订《大明律》，整吏治，写下一首《元夜》，劝朱元璋节俭守正，其中有"君王注意防骄佚，万岁千秋乐未央"之句。刘伯温以身作则，留下了清廉刚正的美名。文成人民为了传承和颂扬先祖高风，采摘大青树的嫩叶，制成了这一道别具风味的野菜，将其命名为"两袖清风"。

⑦ 蒲瓜干

文成位于山区，境内物产丰富。山区农户常将夏天的蔬菜晒干储存，蒲瓜干即是将蒲瓜用炭火烘烤，晒干后制成的。蒲瓜为葫芦科植物瓠子的果实，性平、滑，味甘，具有清心热、润心肺、除烦渴、利小肠、利水消肿、通淋散结等功效。此道菜肴在文成当地农户家中常备，传闻刘伯温外婆常为其做此菜，故又名"外婆蒲瓜干"。

⑧ 国师鱼

国师鱼原料为田鱼。田鱼是淡水鱼中的上品。相传朱元璋一统江山后，刘国师回家探亲，途中不慎感染风寒，于是在瓯江边一户农家安顿下来。农户以瓯江中冒出的许许多多的手指般粗细的小鱼入馔，刘伯温吃了这种美味可口的鲜鱼，病状减轻，后来这鱼成了老百姓的美肴，人们将此鱼叫作"国师鱼"。此道菜肴具有味美、肉细、鳞片软、无泥腥味的特点，堪称一绝。此道菜肴富含蛋白质、微量元素和多种人体必需氨基酸，能健脑、提高智力，还具有健体、防衰老及美容等功效。

❾ 六月笋

原料取自竹笋。中医认为竹笋味甘、微寒、无毒，在药用上具有清热化痰、益气和胃、治消渴、利水道、利膈爽胃等功效。竹笋的脂肪、淀粉含量很少，属天然低脂、低热量食品，是肥胖者减肥的佳品。

❿ 文成粉丝

原料为文成当地所产番薯粉丝。红薯不仅是健康食品，还是祛病的良药。《本草纲目》记载，红薯有补虚乏，益气力，健脾胃，强肾阴的功效。

⓫ 高山田螺

原料为田螺。南田境内的高山溪涧、水田多产田螺，其味甘性凉，清热利水，配以生姜、葱、盐、料酒等生炒，加高汤熬制，汤味鲜美，螺肉筋道弹牙，是地道的乡土美食。

⓬ 高山芋头

原料为芋头。芋头性平，味甘、辛，能益脾胃，调中气，化痰散结。芋头中含有多种微量元素，能增强人体的免疫功能，可作为常用药膳主食。

⓭ 伯温贡兔（烤全兔）

南田山区历来有饲兔食兔的习俗。刘伯温当年随朱元璋征战南北，经常携家乡熏腊兔肉随食，朱元璋偶得尝，便喜欢上了兔肉，常令刘伯温从南田给他捎带。这便是伯温贡兔的由来。兔肉性凉味甘，质地细嫩，味道鲜美，营养丰富，在国际市场上享有盛名，被称为"保健肉""荤中之素""美容肉""百味肉"等。

⑭ 伯温瓦缸猪脚

文成地处山区，冬天很冷，人们有围炉取暖的习惯。文成是刘伯温故里，所以瓦缸猪脚也被称为"伯温瓦缸猪脚"。此菜原料为本地猪脚，猪蹄营养丰富，味道可口。南田刘基故里的农家猪脚是宴席上的一道佳肴，逢宴必上。传说有云，刘伯温将装有猪脚的瓦缸放于火炉边，外出回来后，闻到了扑面而来的香气，于是乎，他又加入米酒等调味品继续炖煮，成品味道妙不可言，极有嚼劲。瓦缸猪脚可红烧，可清炖，美味鲜甜。此菜讳名瓦缸"象"脚，源于传说刘伯温杀猪的故事，避朱元璋"朱"的讳。它不仅是常用菜肴，而且是滋补佳品。

⑮ 文成拉面

文成拉面是浙江地区传统小吃，已有几百年历史。其制作方法是：将白面粉倒入面盆或木板上，慢慢加水，拌匀，再用双手反复揉至有黏性的团子。继而切成1厘米宽的条子，上盖湿毛巾防干燥。过15至20分钟，双手将其两端提起，边拉边抖，即可任意延长。有些人拉至近一米长时，再合并重新拉细至棉纱一般，抛入滚汤中，稍煮即熟，捞起加入调味辅料，便可食用。文成拉面已成为文成小吃品牌，在温州大街小巷随处可见。

⑯ 红米饭

农家米蒸制而成的红米饭，软糯香甜。红米饭味甘，性温，具有延缓衰老、改善缺铁性贫血、抗应激反应以及免疫调节等多种生理功能。红米中富含微量元素锌、铜、铁、硒、钼、钙、锰等，还含有黄酮类化合物、生物碱以及胡萝卜素等成分。

⑰ 三元及第

三元及第即"山（散）粉饺"，用番薯粉和山芋泥作表皮，内馅选取鲜肉、冬笋等，味道极为鲜美，是过去山区农户过年待客的佳肴。因其外形为三角，寓意三元及第，所以又称它为"三元及第"。传说当年刘伯温上京赶考，临行前其母亲特地用本地农村的山（散）粉和着山芋泥做了一碗三角菱形的饺子为他送行，预祝他三元及第。后来，刘伯温果然金榜题名。刚出锅的饺子入口细滑，充满浓厚的山间乡野风味。

⑱ 刘府豆腐

豆腐为补益清热养生的食品，常食有补中益气、清热润燥、生津止渴、清洁肠胃的功效。现代医学证实，豆腐除有增加营养、帮助消化、增进食欲的功能外，对齿、骨骼的生长发育也颇为有益。此道菜肴味鲜质嫩，营养丰富，含有丰富的蛋白质和维生素。

⑲ 南田溪虾

南田溪虾，性温味甘，个体纤小，色泽透明，肉质鲜美，营养丰富，适宜白灼或生醉。南田溪虾若与文成本地产的香菇搭配，则滋味清爽，口味独特。当年刘伯温故里田少山多，地瘠民贫，他奏请太祖后，以种香菇为专利，迄今已有600余年历史，故刘氏历来为菇民所称颂。

文成风土物产

文成县规模经营的农副产品有杨梅、柑、橘、梨、柿、糯米山药、香菇、竹笋、蕨菜及干菜系列等。"文成杨梅"成功注册区域公用品牌、国家地理标志证明商标，还被评为"浙江省区域名牌产品"和"浙江省区域名牌农产品"。文成糯米山药曾荣获 2018 年浙江农业博览会金奖产品。

❶ 糯米山药

糯米山药是山药的一个独特品种，文成糯米山药以特有的糯性与韧性口感著称。糯米山药在生长过程中，根系能伸到地下很深的位置，所以挖它的时候，需要掘到深处才行，挖起来不容易，是个体力活。糯米山药的毛须多且长，有利于汲取土地中的微量元素，因而营养丰富。大部分山药成熟后，需要全部采挖并合理储存。而在文成县内海拔较低的地区，通常最冷的时候气温也不会低于零摄氏度，可以将山药的藤蔓割去做好保暖工作，等到需要时再进行采挖，这样的储存方式有利于保持山药新鲜黏糯的口感。糯米山药香糯软滑，营养丰富。刘伯温在南田生活时期，山药是刘家的主食之一。

❷ 文成杨梅

文成杨梅是文成县的特产。文成杨梅素以个头硕大、入口舒爽闻名，不仅取得国家级无公害农产品认证，还跻身"浙江省精品杨梅"行列。文成县地处浙南山区、温州市西部飞云江中上游，是浙江省典型的山区县。地貌以中低山丘陵为主，属亚热带海洋季风气候区，四季分明，雨量充沛，冬无严寒，夏无酷暑。年平均气温 14—18.5℃，最冷月均温 8℃，最热月均温 28.2℃，年平均降雨量在 1800 mm 左右。由于地处山区，层峦叠嶂，沟谷纵横，昼夜温差大，发展果业拥有得天独厚的地理条件，而且水土保持良好，无任何工业污染，水体、土壤、空气质量均达 A 级。

❸ 文成贡茶

文成贡茶是文成优势农产品。为解决文成茶叶商标多、名气小、茶叶品质难保障的问题，当地申请注册了"文成贡茶"区域公用品牌，聚合全县知名茶叶企业力量，弘扬刘基文化、生态文化，打响"一品好茶文成贡"的品牌价值主张。

❹ 文成索面

文成索面为订婚走亲戚时不可或缺之礼品，以文成花园、马村垟、珊溪等地的产品为上佳。文成索面制作方法是将面粉加适量食盐（春冬为3%—5%、夏秋为9%—12%），做好的面坯置面柜中"走透"后，拉成线晒燥，理成线绞状。索面以细匀为佳，吃时放入开水锅中一煮，去掉咸汤，拌点作料即可。索面营养丰富易消化，是群众喜爱的食品。

❺ 红曲酒

《本草纲目》中有记载，红曲主治消食活血，健脾燥胃。文成传统农家红酒，指的是利用优质糯米做原料，由红曲霉菌发酵而成的红曲酒。红曲酿酒技术始于宋代，明、清时期颇为盛行，民国年间流传更为广泛。红曲酒最初是红色的，一年后变微黄，五年后变琥珀色。在文成全境，均有传统红曲酒酿制技艺传承人，其中又以黄坦、双桂两地更善于制曲，故而，两地的红曲酒更为纯正。红曲酒深受本地人的喜爱，每到最宜酿酒的季节，文成农村几乎家家户户都会忙着酿制红曲酒。

❻ 刘伯温传说

刘伯温传说，在他在世时就已产生，而见诸书面的最早记录，要算明初黄伯生《诚意伯刘公行状》里的有关内容。600多年来，刘伯温传说经民间口头创作流传以及历代文人记录加工，内容不断丰富，包括刘伯温生平家世、聪颖好学、神机妙算、除暴安良、开国功勋及其家乡的风土人情等许多方面，大多为口头传承。2005年6月出版的由周文锋主编的《智谋大师：刘伯温传说》，共收录刘伯温传说72篇。2008年6月，刘伯温传说入选第二批国家级非物质文化遗产名录。

❼ 畲乡韵致

文成县共有畲族同胞1.63万人，设有周山畲族乡、西坑畲族镇2个民族乡镇。畲族人大约在明清时期逐步由外地入迁文成,有蓝、雷、钟、李四大姓。县博物馆设立了面积 200 多平方米的"畲乡韵致"专题展厅,从历史、生产、生活等各方面充分表现畲族面貌。展厅内容包括"畲族源""畲乡俗""畲山风""山哈韵"四个单元,展出的 500 余件畲族文物包括服装、银饰、生产生活用具及歌本等。

黄帝缙云　人间仙都

——缙云

　　缙云县位于浙江省南部腹地、丽水地区东北部，地处武夷山－戴云山隆起地带和寿昌－丽水－景宁断裂带的中段。地貌类型分中山、低山、丘陵、谷地四类，其中山地、丘陵约占总面积的80%。地势自东向西倾斜。由于地势起伏升降大，气温差异明显，缙云具有"一山四季"的垂直立体气候特征。

　　缙云县东临仙居县，东南靠永嘉县，南连青田县，西接丽水市，西北接武义县，东北依磐安县，北与永康市毗邻。缙云境内山脉大致以好溪为界，东部为括苍山脉，西部为仙霞岭余脉。

缙云食俗

　　缙云历史悠久，山水秀丽，民风朴实，在这方绮丽秀美的生态之地，诞生出友善好客、慷慨待人的民情风俗。

　　春节俗称新年，缙云当地多吃索面卵，即土制面条。烧制时，大碗底垫肉片，索面盘堆成"丘"，上封炒肉条，再以油煎鸡蛋饼或剥壳白蛋一双覆于顶上。也有吃芋头或糕粽的。大年初二开始走亲访友。

立春日，民间有"年大不如春大"之习俗，当日需吃青菜。元宵节为农历正月十五，也称"上元节"，城乡盛行迎龙灯。清明各家制作麻糍、清明粿。

立夏吃立夏饭、立夏汤，也有吃卷饼的。卷饼用麦面或玉米面调成糊后，摊烤为薄饼，内卷入多种荤素菜，成筒状。立夏饭以米、蚕豆、笋、芥菜等做成，外加煎鸡蛋，立夏汤由红枣、桂圆、荔枝、豆、花生加红糖煮成。立夏开始，农事渐忙，吃笋可健脚骨，煎鸡蛋如箬帽，谓可遮日蔽雨。民间有称体重之俗。

端午各家裹米粽，馈赠亲友。农历八月十五日为中秋节，农家做卷饼、糖饧，亲友间互赠月饼，阖家团圆，吃饼赏月。农历九月初九重阳节，农家炊糕，做糖饧。

腊月二十三日开始大扫除，俗称"掸尘"，腊月二十五日前后杀年猪，做豆腐、炊糕，切米炮糖，大年三十煮年夜饭，年夜饭尤为丰盛，合家团坐就餐。

缙云米食有粉干、年糕及米饼等；玉米食品有玉米饼、玉米糊及玉米丸等；面食有麦饼、麦面汤、麦面糊及索面等；番薯可鲜食、刨晒番薯丝及制作成粉等。

缙云特色美食

缙云全县大部分地区属亚热带气候，四季分明，温暖湿润，日照充足。缙云依山傍水，好山好水造就了极具当地特色的美食。缙云风味食品有索面卵、馒头焖肉、卷饼、千层糕、糖糕、猪肚饭、榛子豆腐、敲肉羹、柿粽、清明粿、荔枝壳、山粉香菇、烧饼、米炮糖、山麻糍及霉豆腐等。

❶ 缙云爽面

爽面也称土面、索面卵，是当地的一种传统美食。其因细长、柔韧、滑软而成为缙云民间节庆和待客的传统佳肴，与缙云烧饼、红烧溪鱼合称缙云三大美食。缙云土爽面以外形均细、整齐美观、口感柔软、细滑香浓而著称，是一种手工制作的面条，历史悠久，在周边享有盛名。烧制时可拌、可炒、可烧汤。

《缙云县志》中写道："拜年上门，先喝茶，吃糖果，随后吃索面卵。"这索面卵，说的就是缙云土爽面加鸡蛋。缙云各乡各村都制作土爽面，逢年过节，走亲访友，客人进门后主人就盛一大碗土爽面加蛋来招待，都想讨个长寿吉利、好运顺爽的彩头。

❷ 缙云麻鸭

缙云有着"中国麻鸭之乡"的美誉，到缙云农家做客时，桌上总少不了一盘鸭子。缙云饲养麻鸭的历史非常悠久，至今已有300多年历史。据《缙云县志》记载，早在清朝乾隆年间缙云县新建、新碧一带就有麻鸭养殖，民间俗称"缙云麻鸭"。养殖麻鸭一直是缙云县部分农民的一项家庭副业。缙云麻鸭体型较小且肉质结实，炖后鸭肉肥嫩酥烂，汤清香，味鲜美，用麻鸭制作的笋干老鸭煲历来备受食客称道。

❸ 红烧溪鱼

好溪是缙云人的母亲河，她养育了30多万两岸的百姓。好溪盛产溪鱼，特别是近几年缙云渔政部门实施禁渔以来，好溪鱼越来越多。溪鱼生活在清澈无污染的好溪中，因为是野生的，味道特别鲜美细嫩，无土腥味。经滚油红烧过的溪鱼，酱味浓郁，闻之生津，拨开外皮，鱼肉白且鲜嫩。经高温烹调后，鱼刺也变得酥软，食之回味无穷。红烧溪鱼是仙都的特色菜之一。

❹ 缙云烧饼

缙云烧饼看起来普通，但每一种食材，乃至每一道工序都很讲究，经过多道严格的工序，最后才成就一张具有缙云风味的烧饼。在缙云，一碗小馄饨配上一个烧饼，是大家最常吃的套餐，所以很多烧饼店都会兼营小馄饨。

❺ 缙云敲肉羹

敲肉羹是当地的一大特色美食，缙云无论城乡婚庆喜宴，还是逢年过节、亲朋待客，都离不开这一道菜。古书上说"羹者，五味调和"，这"敲肉羹"像隐世的缙云一样，古风盎然。它既可当一道正餐饱食，也可作为小吃点缀。

缙云人多田少，粮食缺乏。旧时凡办筵席，羹类尤多，大体有敲肉羹、米粉羹、千张羹、海参羹、甜羹等，以敲肉羹为最鲜。做敲肉羹只需瘦肉、番薯粉、笋丁、香菇丁、豆腐丁等时鲜菜蔬，另备高汤一大碗。此羹制作时细切瘦肉，拌以山粉，置于砧板，以刀背敲肉。锅内调上汤汁，然后将肉下锅，搅拌成羹。此羹滑、爽、脆、鲜，四味俱全，人人喜欢。

❻ 芥菜饭

用芥菜烧饭是缙云的传统做法，最好吃的菜饭必须在土灶上架柴锅，现烧现做。这可是每个到缙云仙都旅游的人必吃的主食。一把碧绿幼嫩的芥菜，加点作料，煮成一锅绿中夹白的芥菜饭，相比寡淡的白米饭，这样的搭配妙不可言。

❼ 翡翠羊柳卷

相传古时缙云的百姓很好客，每逢婚嫁庆寿等喜宴，都会杀猪宰羊，宴请亲朋好友。缙云乡村的土厨师，经过不断的经验积累，在羊肉的烩制上逐渐推陈出新。清代光绪年间，舒洪有位李姓的土厨师，他把羊里脊肉（羊柳）切成薄片，稍经作料加工，就卷入各类辅料，再经油锅滑熟，最后加调料勾芡，即成口感滑嫩的羊柳卷，深受群众喜爱。仙都各宾馆厨师在传统菜的基础上，加进西芹摆盘点缀，更添鲜美，令宾客赞赏颇多。

❽ 仙都油焖笋

缙云三面环山，山中多种毛竹，餐桌上自然也多见竹笋，油焖笋是缙云人最爱的一道笋菜。

据传朱熹在仙都独峰讲学期间，品尝到油而不腻、鲜嫩可口、脆甜芳香的仙都油焖笋后赞不绝口，并封它为"天下第一笋"。

❾ 豆腐丸子

豆腐丸子是不少壶镇人从小吃到大的美味小吃。它虽然看起来平平无奇，但制作起来有些难度。将它盛出来放一点酱油，撒一点味精、葱花，香气扑鼻，让人食欲大开。不少在外地上班的壶镇人回家总会去吃上一碗。

❿ 麻糍

麻糍是缙云民间小吃。入夏新糯米上市，将其蒸熟后，在石臼中打烂成饼。然后摘成小块，内里加红糖，外擦一层熟粉，以不见糖为合格。每到赶集日，古树下，柳亭边，均有叫卖。入冬，制成薄饼，用平锅热烤，加入红糖，脆甜香糯，很受人们青睐。

⓫ 清明粿

色泽翠绿、味道清新，带有艾香的清明粿，食之别有风味。清明前后是采摘艾草的好季节。清明粿做法分甜、咸两种，将鲜嫩艾叶捣成糊，与米粉和匀做皮，以腊肉丁、冬笋丁、香菇丁、豆腐干或腌菜等为咸味馅料，或以芝麻、桂花糖、豆沙等为甜味馅料，捏成椭圆状或饺子形状，两面贴上箬叶或柚子叶，放入锅中蒸制而成。椭圆状一般为甜口清明粿，而做成饺子形的是咸口清明粿。

缙云风土物产

缙云得天独厚的自然地理环境为缙云带来了丰富的物产，这些流传久远的风土物产也成为丽水山耕的重要组成部分。

❶ 缙云番薯

缙云多产番薯，方言里也有"缙云番薯，永康萝卜"的说法。随着近几年经济的发展，番薯产量大减，作为原生态农产品的番薯在城市里不可多得。制作番薯条，选红心番薯为佳，将其去皮蒸熟后，在阳光下晒，需晒蒸几次。上品的番薯条，软糯、清甜、可口。

❷ 缙云黄花菜

缙云黄花菜是丽水缙云的特产。黄花菜，又名金针，属百合科萱草属，为多年生宿根草本植物。缙云黄花菜栽培历史在 600 年以上，是我国传统的孝敬父母、馈赠亲友的礼品。缙云黄花菜产量居浙江省第一，全国第二。据资料，黄花菜在元代时即已种植，清康熙年间成为该县主要土特产之一。缙云黄花菜以蟠龙种为最佳，黄花菜干品为淡黄色或金黄色条状，有光泽，肉质丰厚，营养丰富，含多种氨基酸，具有清热解毒、安神健胃、活血利尿消肿等效用，是家庭食用佳品。

❸ 缙云米仁

缙云米仁栽培历史悠久。传说在黄帝轩辕氏炼丹的配药中就有缙云米仁。据元至正八年（1348 年）《仙都志》载，草木可药者有芍药、白术、覆盆子、薏仁等 178 种，列为当地中药材资源。缙云县民间历来就有在田头地角或低洼田块或沟渠边种植米仁的习惯，民间还有猪肚装米仁煮着吃的习俗。有民间小调："薏米胜过灵芝草，食药营养价值高，常食可以延年寿，返老还童功能高。"改革开放后，缙云米仁产业有了长足发展，特别是进入 21 世纪后，缙云米仁作为专用生产原料，引起了社会各界的广泛关注，并屡获浙江省农博会金奖。

❹ 缙云黄茶

缙云黄茶为国家地理标志产品。缙云黄茶外形金黄显绿，光润匀净，汤色鹅黄透绿，清澈明亮，叶底玉黄隐绿，鲜亮舒展，滋味清鲜柔和，爽口醇和，清香持久。

❺ 河阳古民居营建技艺

河阳古民居营建技艺为浙江省非物质文化遗产。位于缙云县仙都国家级风景名胜区内的丽水市缙云县河阳村始建于公元932年，已有1000多年的历史，是个充满魅力的历史文化古村。河阳村至今仍保存着明清古建筑1500余间，古祠堂15个，古庙宇6个，清代五孔大桥1座。走进河阳村，只见"十八间"大院错落有致，青砖白粉墙，马头墙高耸气派，古壁画、古诗词比比皆是，内部雕梁画栋，宽敞明亮。古代的大桥、农具、家具、壁画、诗句、匾额、雕刻，还有堪称中国民间艺术一绝的河阳窗花剪纸，历代农民义军的遗迹以及古色古香的民俗活动，构成了江南罕见的千年文化古村。

金山林海　仙县遂昌

——遂昌

　　遂昌县位于浙江省西南部，是一个历史悠久的县城。县人民政府驻地位于妙高街道。该县的三仁畲族乡好川文化遗址是浙西南地区首次发现的新石器时代文化遗址。《后汉书·郡国志》刘昭注，东汉献帝建安二十三年（218年）孙权分太末县南部地始置遂昌县。《宋书·州郡志》载："孙权赤乌二年（239年）分太末时更名曰平昌。"清光绪《遂昌县志》卷一载："平昌县以去十五里两山前后平叠如昌字，故名。"晋武帝太康元年（280年）复称遂昌。东汉末年，其时地广，约含今遂昌县，龙泉市、庆元县大部，金华市（原汤溪县）部分地区。

　　遂昌历属传统农业地区，长期以种植粮食为主，稻谷为主要产品，其次为玉米、番薯、豆、麦、小米等，茶叶为遂昌主要经济特产。

　　在原生态精品农业的引领下，茶叶、竹业、生态蔬菜、生态畜牧业、水干果五大主导产业做大做强，杂交水稻、中药材、油茶、食用菌、番薯五大特色产业做精做优。遂昌县先后获中国竹炭之乡、中国菊米之乡、中国茶文化之乡、全国休闲农业与乡村旅游示范县等称号，被评为浙江省农业特色优势产业综合强县，是全省最大的杂交稻制种基地，也是全省无公害高山蔬菜主产区。

遂昌食俗

春节时，城乡蒸制发糕、青糕、糖糕或粽子。农村煎制米糖、炒米糖、芝麻糖或谷花糖。旧俗为正月初一吃素，正月初二开始吃"正月酒"，元宵有灯会活动。清明节普遍做青粿。在遂昌，过去有立夏日吃"立夏糊"的习俗，家家户户将肉粒、笋粒、豌豆等作料炒熟，加水煮沸后，撒入米粉，搅拌成为糊状食用。

过去，农历四月初八时，遂昌城乡居民用糯米蒸制乌饭。端午节包粽子，吃卷饼，石练、大柘及湖山一带的一尺长粽颇有名气。当地农家多在此日采挖草药，炒制烘干以供一年饮用，称为"端午茶"。六月尝新米，每年农历六月早稻收割之后，畲民以新米做饭，杀鸡买肉做豆腐，以款待亲友，来客越多越好，传说有云"多一人尝，多一人粮"。

中秋时，城乡过去多制作麻糍、汤团，农村过去还有磨制蒿浆粿的习俗，现在则互相赠送月饼，吃糯米汤团、麻糍，准备瓜果赏月，以示团圆。重阳节时，民间有赏菊，吃重阳糕、灰渍糕（又称"千层糕"）的习俗，有"步步登高"之寓意。冬至时，民间做麻糍、焖赤豆糯米饭或冬至粿食用。

山乡农家的饭桌中间，常有方形洞孔，放置三角风炉，架上小铁锅，将菜肴在锅中煮沸后食用，独具风味。当地深山农户还有冬天以火炉壁橱熏腌腿、腌肉的习惯。当地酒类以糯米酒为主，有白酒、黄酒及红曲酒等，茶类有绿茶、白糖茶、菊米茶等。石练等地所产之菊米，饮之有明目的功效。民间宴席以第一道菜决定宴席名称与质量，如第一道菜为海参，则称为海参席。寿宴以长寿面开席，而满月宴则以红鸡蛋开筵。

遂昌特色美食

❶ 风炉宴

"风炉"是遂昌传统火锅的代名词，遂昌人以爱吃火锅闻名，待客规格从风炉锅的数量中可见一斑。风炉锅越多代表客人越尊贵，风炉宴里最具代表性的便是"三层楼"火锅。"三层楼"火锅早年是杀猪菜，如今已成了遂昌大小餐馆的一道招牌菜，深得游客及当地人喜爱。早年在遂昌乡村，只有到了过年才能吃上这顿杀猪菜，厨娘将现割的带有热气的五花肉炒熟，炉中炭火通红，用猪肉汤煨透的萝卜垫底，铺上金黄的煎豆腐，最上层放的是香气逼人的红烧肉，叠好三层后慢慢用炭火温煮，萝卜、豆腐及肉相互交融、相得益彰，味道醇正。

❷ 焦滩鱼头

焦滩鱼头是遂昌美食的代表之一，食材选用来自当地乌溪江里的生态鲢鱼。该鱼头大，肉质肥嫩鲜美。大厨先将鱼头煎至外焦里嫩，然后放入农家豆腐与黄瓜，盖上薄荷叶，再经过炭火炉子的加热，成品香味扑鼻，汤汁又辣又鲜，既美味，又开胃。

❸ 高山黄牛萝卜丝锅

将番薯粉调成糊，把切成薄片的牛肉放进糊里滚一圈出锅，搭配当地所产味道清甜的萝卜丝，回锅煮烧，放入辣椒出锅，牛肉又软又嫩，别具风味。

❹ 遂昌黄米粿

遂昌当地制米粿的习俗由来已久，米粿味香，易保存。相传，遂昌黄米粿的由来与黄巢起义有关。黄巢义军南征，途经仙霞岭，大军需要穿越数百里人烟稀少的崇山峻岭和深山密林。当地民众制米粿以供大军翻山之用，民众亦为了纪念黄巢义军而把此米粿更名为黄粿。在粮食供给不足的年代，据说能吃上黄米粿既寓意本年的丰收，也饱含着来年的希望。在遂昌，每逢传统节日、家庭喜宴或贵宾到来，黄米粿都是不可缺少的待客食品。

❺ 遂昌长粽

旧时，遂昌年轻男女结婚第二年的端午，被称为"大端午"，男方家要备齐厚礼送给女方父母及亲戚。为体现诚意，遂昌人将粽子做得细细长长，长粽又名"长情粽"，寓意久久长情，越长情越重。不仅如此，小孩过周岁时，外婆也要包长粽，祝愿孩子长命百岁，健康快乐。

❻ 合羹

遂昌地处山区，山区居民将猪肉、腊肉、猪肠、鸡蛋、青菜、土豆、萝卜、香菇、青菜等放在一起烧汤，最后加入番薯粉调成汤羹。村民取名为"合汤"，寓意齐心合力。

❼ 汤公脆皮鸡

汤显祖任遂昌县令期间，勤政爱民，兴教办学，劝农耕作。一日，汤公与友人外出探胜之时忽遇大雨，于是至一邻近农家避雨。近午时，农夫将家鸡处理后，涂抹调味，置炭火上烤，不久，香气四溢、色泽金黄的佳肴便做好了，汤公赞不绝口，故名为"汤公脆皮鸡"，代代相传。

遂昌特色美食中，还有流传已久的霉干菜肉、黑米饭、白马玉笋及歇力茶烧猪脚等，这些地方美食承载了山区人民的勤劳与智慧，也成为地方文化发展中不可多得的财富。

遂昌风土物产

近年来，遂昌大力发展原生态精品农业，将之作为县域品牌来培育打造，全县原生态农产品基地有上百个，先后打响了黄泥岭土鸡、金竹山茶油、七山头土猪肉、桃源尖高山蔬菜、北界红提、建洋稻米等一批原生态农产品知名品牌。

❶ **丽人茶**

外形浑直似眉，色泽翠绿鲜润，香气清幽持久，冲泡杯中，茶芽直竖，好似丽人展示曼妙舞姿，曾先后获国内外金奖多次，获浙江十大旅游名茶称号，是浙江省著名商标、浙江名牌产品。

❷ **遂昌竹炭**

遂昌竹炭为国家地理标志产品。竹炭的多孔结构和吸附性，使其具有透气干爽、吸湿除潮的功效。遂昌竹炭产品的开发目前已居国际领先水平，在国内外市场占据重要地位。遂昌竹炭系列产品以环保、健康、低碳的理念深受市场青睐，广泛应用于净化水质、空气，吸湿防潮，保鲜消臭等方面，是居家健康生活的必备之品。遂昌是国内最大的竹炭生产、加工和出口基地。

❸ **桃源尖高山蔬菜**

桃源尖高山蔬菜产自海拔890多米的石姆岩景区内，这里空气清新，昼夜温差大，全年平均气温13.4℃。基地蔬菜全部采用有机标准种植，采用杀虫灯、昆虫性诱剂等技术达到杀灭害虫的目的，杜绝化学农药的使用。桃源尖高山蔬菜系列产品通过国家有机食品、绿色食品认证。

❹ **遂昌烤薯**

遂昌烤薯选用国家级自然保护区内的红心番薯、紫番薯为原料，采用独特的传统工艺制作而成，不含任何添加剂和色素，口味自然纯正，风味别具一格。"黄沙腰"烤薯是浙江省著名商标、浙江省名牌农产品。

❺ **石练菊米**

《本草纲目拾遗》记载："菊米。处州出一种山中野菊，土人采其蕊干之，如半粒绿豆大，甚香而轻圆黄亮，云：败毒，散疔，去风，清火明目为第一。产遂昌县石练山。"石练菊米经开水冲泡，菊香四溢，沁人心脾，具有清热解毒、平肝降压、预防感冒的作用，是天然、健康的保健饮品。

❻ 七山头土猪

七山头土猪生长在海拔 800 米以上的高山村庄，采用古老的熟饲喂养方式，以农副产品和青绿饲料为原料。生产管理运用质量追溯体系，从仔猪选购、饲养、防疫、出栏实行全程跟踪服务，确保了土猪的品质。

❼ 北界红提

北界镇桃源流域一带昼夜温差大，特别适合红提的生长，又因独特的地理位置和清澈甘甜的山泉，使得红提水分饱满，含糖量高。

❽ 金竹山茶油

金竹山茶油的原料为深山幽谷中的野生山茶籽，其分布在遂昌县西部高山地区的金竹镇。山茶树在生长过程中不需施化肥和农药，其营养成分完全来自天然无污染的空气和土壤。山茶油采用传统工艺制成，经冷榨、全物理提炼，是真正的纯天然、原生态食用油。

❾ 湖山有机鱼

遂昌县境内的乌溪江库区水质清澈，无污染，保持着原生态的自然环境，有鳙鱼、鳜鱼、鲇鱼等数十个优质鱼类品种。"湖山源"牌有机鳙鱼采取人放天养的自然生长模式，是不可多得的原生态有机鱼，获得 2010 年浙江省渔业博览会金奖。

❿ 黄泥岭土鸡

黄泥岭村位于湖山乡乌溪江畔，村庄依山而居，四周环水。黄泥岭村巧借天然隔离带，化劣势为优势，培育出原生态黄泥岭土鸡。这里对鸡进行"户籍化"管理，每一只鸡都有"生长记录"。这里养殖的土鸡都是自家母鸡孵出的，放养在房前山后，自由寻食昆虫野草，饮山泉露水，早晚吃五谷杂粮，是原汁原味的农家土鸡。

⑪ 小忠冬笋

小忠冬笋根小头尖，壳薄躯大，肉厚质白，鲜嫩美味。其中心产区是三仁畲族乡小忠村，辐射面积 16000 亩，年产量达 2800 吨。经研究分析，小忠冬笋的氨基酸（谷氨酸、天门冬氨酸）含量明显高于其他种类冬笋，且总糖和还原糖含量较其他类型低，而粗纤维含量适中，这是小忠冬笋口感好、风味独特的主要原因。据史料记载，小忠冬笋明清时就一度成为朝廷贡品，素有"小忠贡笋"之美称。1998 年荣获浙江省农产品博览会银奖，2001 年荣获浙江省农展会优质农产品银奖，2002 年 3 月又被中国经济林协会认定为"中国名优经济林产品"。

⑫ 遂昌黑陶烧制技艺

黑陶烧制技艺为浙江省非物质文化遗产。黑陶是新石器晚期良渚文化和好川文化的宝贵遗物，是东方陶瓷艺术的瑰宝。黑陶文化深受良渚文化和好川文化的影响，被当今社会各界誉为"土与火的艺术，力与美的结晶"，是影响早期中国思想内涵及文化体系形成的重要因素。它胎质细腻、精雕细镂、纯朴庄重、古色古香，有着独特的审美价值。

遂昌黑陶由于快轮制陶和封窑技术得到普遍应用，制作的器皿具有黑（乌黑如漆的色彩）、薄（器壁很薄）、光（具有平滑的光泽）、纽（造型上具有鼻、耳、盖纽以及流、足、扣手等适于使用的各种饰件和功能件）等特点。其烧制技艺独特、考究，地域性强。手工制作的黑陶工艺品，从选泥、淘洗到制坯、修坯、刻花等，均为手工制作，利用独特的传统封窑技术进行渗碳工艺烧制，不上彩釉，而浑身发亮、叩击有声。黑陶工艺品是装饰环境的佳品，具有很高的收藏价值。

千年古县　田园松阳

——松阳

　　松阳县隶属于浙江省丽水市，位于浙江省西南部。东连丽水市莲都区，南接龙泉市、云和县，西北靠遂昌县，东北与金华市武义县接壤。最东至裕溪乡新渡，最西至枫坪乡龙虎垎，东西最宽处径距53.7公里；最北至赤寿乡大川，最南至大东坝镇大湾，南北最长径距40.2公里。总面积1406平方公里。松阳山川秀丽，自然条件得天独厚，是留存完整的"古典中国"县域样板，《中国国家地理》杂志把松阳誉为"最后的江南秘境"。

　　松阳县全境以中、低山丘陵地带为主，四面环山，中部盆地因开阔平坦称"松古平原"，又称"松古盆地"。地势西北高，东南低。总面积中，山地占76%，耕地占8%，水域及其他占16%，谓"八山一水一分田"。

松阳食俗

　　松阳是浙西南肇始之县，历史上又是传统农业社会，以生产粮食为主，素有"处州粮仓"之称。这里有许多年俗。

　　过去，到了腊月，松古盆地的老百姓就为过年做准备，置办年货。过了腊月二十，有些村庄开始打黄米粿或白粿，炊青糕、糖糕或发糕，做（换）豆腐、泡豆腐，弹爆米（玉米）花，煎糖，做糕饼、兰花根、葱糖、薄脆，炒花生、番薯片。农村家家户户杀年猪。大人小孩添置新衣服、鞋袜。腊月二十四左右"打蓬尘"，即洗桌凳，擦洗碗筷和各类器皿。

大年三十除夕，是最忙碌的一天，主要是准备年夜饭。煮猪头、鸡鸭，煎鱼，炊山粉丸，炒八宝菜，烧各种菜肴。全家人吃团圆饭，然后守岁（熬夜），给小孩包压岁钱。最后要打扫卫生，煎肉，做鱼冻，准备正月初一的餐食。

大年初一，俗称"新年"。吉时开门，燃炮迎祥。多言吉利话，见面必问"新年好"。小辈前往长辈处拜年，长辈赠小辈红包，分赠糖果、柑橘。

正月二十，做麦饼吃，意为补天。农历四月初八为牛生日，民间烧制乌饭食，当日，牛不耕作，喂以酒、稀饭、鸡蛋等。

清明节早晨，采摘带露水的新嫩茶叶芽，不炒制，直接泡水喝，俗称清明茶。民间传说，饮清明茶，具有明睛养目之功效。

立夏时，小孩吃熟地，以防"疰夏"。家家户户煎立夏卵蛋，做立夏羹食，贴立夏符。

端午也称端阳、午日、重午、重五。民间以蒲艾插门户，包角粽。松古平原一带以食薄饼为主，端午节吃薄饼是松阳传统的饮食习俗之一。松阳的薄饼以皮薄、馅料精细著称，是松阳最富有地方特色的风味小吃之一。全家饮菖蒲酒、雄黄酒，食蒜。在松阳，有非常独特有趣的喝端午茶习俗，自古就有"喝了端午茶，百病都走远"的说法。端午茶是一种民间传统保健饮料，而且历史悠久，距今已有1800多年历史，它也是省级非物质文化遗产。松阳端午茶的产生，与当地的历史、人文、资源条件密切相关，且松阳端午茶的形成，有一个不断探索、逐渐完善的过程。采集端午茶十分讲究，因为端午茶是家庭日常不可缺少的保健饮料，在采集过程中，人们都习惯性地搭配一些既有药用功能，又甘醇清香的草药，使配制出的端午茶更清香可口，例如于端午前五日内，采集鱼腥草、石菖蒲、山茵陈、白茅根、金刚刺等多种草药。松阳端午茶有防治中暑、祛湿散风、清热消炎、解渴提神及祛积消食的作用，民间有"端午百草都是药"之谚语。

夏至后第一或第二个卯日，家家户户烧新米饭吃，目前，山区仍保留此风俗。

中秋节，松阳民间有食月饼、米糕及麻团的习俗。重阳也称重九，有浸泡茱萸酒、尝新豆、饮菊花酒、爬山登高、食千层糕、赏菊的习俗。冬至又被称为冬节、小年夜，晚餐食肉、麻糍及冬至粿。

松阳特色美食

❶ 糖糕

糖糕是用糯米拌和一定比例的籼米磨成粉，掺适量红糖搅匀后，猛火炊熟的，打开蒸笼时表面撒以芝麻和彩丝点缀。

❷ 米糖

用番薯、南瓜和麦芽煎制糖油，将熟糯米或爆或炒或炸，拌入糖油压块切片，即可完成米糖的制作。以爆米花所制的米糖被称为膨米糖，用霜米炒、炸制的，被称为霜米糖、炒米糖、冻米糖。

❸ 青粿

也称为清明粿，为清明节食品。以绿叶焯水，捣细，掺入粳米粉内搅匀，裹入甜、咸馅，制成椭圆形状，下垫箬、青栎叶，蒸熟食用。

④ 乌饭

用乌饭树的树叶浸米烧制而成，是农历四月初八的节日食品。

⑤ 粽子

粽子是传统的端午节食品，以箬叶裹扎糯米或粳米，当地以角粽为主，以腌菜肉馅、豆沙馅最为普遍。

⑥ 沙擂

沙擂也称沙累、麻团，用水磨糯米粉和水揉制而成。煮熟后外表滚粘芝麻粉、豆粉、砂糖的，称为麻团。包馅或不包馅均可，可伴汤吃，是中秋节、过年及元宵时的食物。

⑦ 麻糍

将糯米洗净，浸透，待烧熟后用石舂舂烂，搓制为鸡蛋大小，外面粘上豆粉、芝麻糖食用，也被称为糍团。山区多在重阳、冬至及耕作时炊制。

⑧ 灰汁糕

籼米粉用灰碱水调制成为糊状进行蒸制。用蒸笼蒸熟一层再薄薄地浇上一层，待蒸笼满布、层次分明时可揭，也被称为千层糕，为重阳节食品。

⑨ 山粉圆

也称为山粉丸、满堂红。将山粉、芋艿拌入鸡、肉卤汁，加入碎肉、作料和匀，放入蒸笼加热。现今多成块蒸制后待食用时切成片、条或粒。山粉以蕨根粉最为正宗，其次为葛粉，现在则普遍使用番薯粉。

⑩ 面鸡娘

即面疙瘩，以面粉加少许盐，和水调成稠羹状，用筷子、竹签或手指将其一块块撮入沸水中，待煮熟后掺汤，加入作料食用，因其制作简单方便，是农户家常面食。

当地的面食还有光饼和酥饼。光饼以面裹葱花和肉丁成饼，表面粘芝麻，炭炉烤制，外韧内润，鲜香可口。酥饼则裹以腌菜干和肥肉丁，表面粘芝麻，贴于炭炉壁文火烤制，松脆可口，油而不腻。

⑪ 萱草豆腐

将萱草汁和入山粉进行烹调，待冷结后呈皂褐色，食用时，加入冰块或冰水、薄荷油、糖，乃夏日佳品。

⑫ 卵鳖

卵鳖是松阳民间对水煮荷包蛋别致的称呼。将鸡蛋直接打入锅中，或素油煎或水煮而成。其因扁圆外形酷似鳖而得名。依据余汤所添加的作料不同，名称有别：加白糖添老酒，谓之糖霜卵鳖；加自制红糖的，叫作砂糖卵鳖；加自家熏制火腿肉丝的，则称为火腿卵鳖。糖霜卵鳖是松阳民间规格很高的待客食品。

⑬ 八宝菜

以鲜萝卜、咸萝卜、胡萝卜、咸白菜、冬笋、海带、油豆腐及豆皮等素菜，分别用素油炒熟后拌和而成，具有开胃去油腻的作用。

⑭ 歇力茶烧猪脚

松阳当地盛行喝一种名叫歇力茶的中药饮，歇力在当地语言中为歇歇脚的意思，人们把这种药饮当成农忙后歇脚时喝的水。后来，因为其味道香浓，百姓用剩下的药汤来炖鸡烧肉，别有一番滋味，其中以歇力茶烧猪脚最为出名。用歇力茶烧成的猪脚具有肥而不腻、茶香可口的特点，是松阳民间的一道传统药膳名菜。

⑮ 松阳煨盐鸡

煨盐鸡是松阳传统名菜，具有去湿利气、补肾安神之功效，是民间流行的待客主菜之一。煨盐鸡主要是将粗盐炒热后，用其将鸡四面填满掩实，慢火煨熟，吃时切块装盘即可。煨制过的盐鸡色泽金黄，具有皮脆肉嫩、骨酥味香的特点，深受大家喜欢。选用乌骨鸡或三黄鸡进行制作均可，如果希望口感嫩一点，可选乌骨鸡。

松阳风土物产

❶ 松阳香榧

21世纪初，松阳从诸暨批量引进8万株香榧嫁接苗进行试验示范性种植，如今已形成多个百亩以上的香榧示范基地。"百年香榧三代果"，香榧集果用、油用、药用、观赏、绿化等功能于一体，其果经过炒制后，香酥可口，也可用于加工香榧糕、饼、糖。

❷ 松阳香茶

浙江松阳产茶历史悠久。宋代苏东坡诗中写道："天台乳花世不见，玉川风腋今安有。"明代占雨写就"春色漫怀金谷酒，清风雨液玉川茶"，描绘了松阳茶叶的品质。据《松阳县志》记载：1929年在西湖博览会上，松阳茶叶荣获一等奖。松阳香茶，以香得名。松阳香茶是松阳当地的一种制茶方法，土茶、白茶、龙井、银霜皆可做香茶。松阳香茶以"形"诱人，以"精"贯穿生产过程始终。

❸ 松阳油茶

松阳县是我国有名的"油茶之乡"。长期以来，油茶是松阳县的传统农产品，也是部分山地农民的主要经济来源之一。松阳闻名的"油茶古道"就是最好的历史见证。

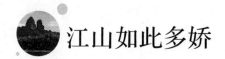

江山如此多娇

——江山

江山市地处浙闽赣三省交界，是浙江省的西南门户。江山历史悠长、人杰地灵，孕育了清漾毛氏文化、江郎山世遗文化、仙霞古道文化、廿八都古镇文化以及村歌文化，人文积淀深厚，值得探寻回味。

江山自然景观独特，旅游资源丰富，拥有幸福大陈、书香清漾、秀美耕读、古韵浔里、七彩保安、醉美碗窑等一批独具特色的文化古村落，亦有世遗江郎风采线、古镇养生风韵线等乡村休闲旅游线路。境内森林覆盖率达69.53%，是全球绿色城市和国家级生态示范区，有"中国天然氧吧"之称。

江山境内水质优、空气佳，得天独厚的地理环境造就了一方美食和特产风物。

江山食俗

腊月二十三，每家每户需大扫除，其后，杀年猪和年鸡，做年糕，包粽子，制米糕，准备年货。年夜饭菜肴丰盛，须备鱼，寓意年年有余。正月初一早餐吃面条或年糕，谓之"长寿面"或"年年高"，象征延年益寿，年年高升。初四日开始，亲友之间相互拜年，礼物（俗称"果子包"）一般为荔枝、桂圆、红糖、枣等。立春俗谓"新春大如年"，旧时，民间用饭、豆腐等祭拜天地，即"做新春"，被称为"迎春接福"。

立夏日，在江山有做立夏羹的习俗，这是当地的传统美食之一。立夏羹选取粳米煮制，辅以炒制，倾入拌匀的猪肉丝、小竹笋、豆腐干、鲜豌豆、香蒜心、野生蘑菇、腌榨菜等食材后烧制而成。成品不仅食材多样，且口感柔滑、细腻，味道鲜美，有些地方用生米粉煮制，而有些地方用糯米、米仁、赤豆、蜜枣及花生煮制。方法虽有不同，但取名皆为"立夏羹"。《江山县志》记载：端午节投各种草于汤以澡浴，谓之百草汤。端午吃粽子，江山粽子颇有特色，比如雪菜粽，选取新鲜竹叶或冬叶，加上好的糯米，配以五花肉、雪菜及笋丝，还可加一些豆类，这样包出来的粽子格外香甜。

江山特色美食

❶ 廿八都大锣糕

廿八都大锣糕，又称廿八都铜锣糕，是江南古镇廿八都的地方传统节日特色糕点，已有千年历史，在浙闽赣边界地区被奉为"糕中之神"。其以糯米、红糖、茶油、鲜嫩鼠曲草（又称佛耳草）、去心莲子、红枣等为原料，煎蒸皆宜，蒸制后糕体呈棕褐色，色泽晶莹闪亮。吃时切成厚片，韧中带柔不黏牙，口感香甜，风味独特。

❷ 廿八都豆腐

廿八都地理环境特殊，分享钱塘江水系和鄱阳湖水系，山高水好，本地的田塍豆，豆质新鲜、营养丰富、食用安全，清甜的水质与鲜美的大豆造就了廿八都豆腐独特的味道。廿八都豆腐由人工通过石磨磨出，而今机器研磨慢慢代替了以往的石磨。廿八都豆腐是古代挑夫的下饭菜，无论是名声在外的八大碗宴席中，还是寻常人家的饭桌上，抑或是文人雅士的食单里，都少不了这一味豆腐，它是南来北往游人们必点的菜品。

而除了这热气腾腾的"豆腐风炉子"，野生枫溪鱼、豆蔻炖猪手、杂粮神仙豆腐羹、石斛炖乌鸡、腊肉蒸鱼干、笋干炖排骨、清鲜山野菜都是廿八都八大碗的美味组成部分。

❸ 峡口腊猪肝

峡口古镇位于钱塘江支流源头的峡谷之口，得天独厚的森林资源和地理构造，使得这里成为天然的避暑胜地。"晴天有风天欲雨，雨天生风天欲晴"，描述了"峡里风"天气预报的作用。"峡里风"所及之处，有制作腊猪肝的传统。上等猪肝经过精心腌制，然后悬挂在屋檐下，经过"峡里风"长年累月的吹熏，即成美味。食用时，切成薄片，以两片薄肥肉夹之。蒸熟后，该菜肴黑白分明，晶莹透亮，如同工艺品，肥软与酥脆交融，香气袭人，独具风味。

❹ 清漾毛氏红烧肉

清漾毛氏文化村位于浙江省江山市石门镇，至今已有千年历史。其地处仙霞古道，紧临江郎山国家级著名风景区，风景秀丽。北宋文豪苏东坡赞誉这个古老村庄"天辟画图，星斗文章并灿；地呈灵秀，山川人物同奇"。这里不仅是江南毛氏发源地，也是毛泽东的祖居地。

相传，毛泽东在湖南长沙读书时便爱上红烧肉这道菜。毛氏红烧肉味道特别，用老抽加冰糖、料酒、八角慢火煨成，肉用带皮的"五花三层"。清漾毛氏红烧肉中加入了少许辣椒，甜中带咸，咸中有辣，甜而不腻，口感独特。

❺ 碗窑水库大鱼头

江山碗窑水库坐落于江山市太阳山下，是国家级水利风景区，素有"月亮湖"的美称。碗窑水库大鱼头天然无公害，无泥腥味，个大体肥，富含多种氨基酸和微量元素。此菜充分融合了江山本地口味和"千岛湖鱼头"的制作方法，兼容并蓄，汤色金黄透亮、口感丰富，鱼头滑嫩、咸鲜微辣，令人胃口大开。

❻ 书香汪氏大陈面

江山物产丰富，但当地人日常生活中不可或缺的是一碗热气腾腾、朴实无华的面，这便是来自大陈村的面。大陈村的制面工艺已传承了500余年。多年来，大陈村坚持手工作坊生产，面条柔软爽滑。当地传统是妈妈亲手烧面，汤用鹅汤，加入几个荷包蛋，这才称得上是妈妈的味道。当地人亲切地称这碗面为"妈妈的大陈面"。一首《妈妈的那碗大陈面》，更是将大陈面带到央视，让大陈面走进了千家万户。

此外，江山美食还包括山乡三套鹅、菇竹迎春、翡翠鹅脯、涌聚江山、太子神仙豆腐、农家香芋、江山熏烤鹅、农家蛋鹅卷、化王归巢等。

江山风土物产

❶ 江山白羽乌骨鸡

江山白羽乌骨鸡是我国珍贵鸡种之一，是浙江省江山市的特产，据当地出土的文物天鸡壶考证，远在东晋年间江山就有养殖，至今已有1700余年历史。《华佗神医秘传》和李时珍的《本草纲目》中均有关于白羽乌骨鸡药用价值的详细记载，民间赞誉其"清补胜甲鱼，养伤赛白鸽"。江山白羽乌骨鸡以"一白"（全身羽毛洁白）、"五乌"（乌喙、乌舌、乌趾、乌蹠、乌皮）为主要特征，耳垂雀绿色，鸡冠及肉髯绛紫，煮熟后肉骨乌色不变。江山白羽乌骨鸡肉质鲜嫩，胶质多，营养丰富，由白羽乌骨鸡为主料烹制而成的江山名菜有白羽乌骨汤。

❷ 江山白鹅

江山是中国白鹅之乡，山清水秀、空气清新的自然环境，是饲养白鹅绝佳的条件，江山白鹅以天然牧草为主食，具有肉味甘平、皮薄肉嫩、补阴益气的特点，是天然的绿色食品。以江山白鹅为主料的当地特色菜有江郎药膳冬白鹅、和睦炭锅白鹅，精心炖煮过的白鹅肉质软烂，汤汁浓稠，味道鲜美。

❸ 江山绿牡丹茶

江山绿牡丹茶始制于唐代，苏东坡誉之为"奇茗"，明代正德皇帝将其命名为绿茗，并列为御茶。民国时绝迹，直至 1980 年重新研制，得名江山绿牡丹。该茶形似牡丹，色绿显毫，汤色嫩绿明亮，清香持久，鲜醇爽口，叶底嫩匀成朵。2018 年，"江山绿牡丹茶"成为国家农产品地理标志登记保护产品。

❹ 江山猕猴桃

江山是中国猕猴桃之乡，江山猕猴桃味甜微酸，肉嫩多汁，风味独特，含有多种维生素和氨基酸，营养丰富。

❺ 江山蜂蜜

江山蜂蜜是江山市的特产。江山市是全国最大的养蜂市（县），是"中国蜜蜂之乡"。江山市蜂产品率先通过欧盟检测，全面进入欧盟市场，其后，江山蜂产品又成功破除日本的"绿色壁垒"，成为日本进口蜂王浆、蜂蜜的重要之地。

❻ 江山西砚

江山西砚制作技艺为浙江省非物质文化遗产。江山西砚制作始于唐咸通年间,已历经 1000 余年。唐代咸通年间,江山属西安府,出现砚石的大陈乡砚山前有一溪流名"西溪",用此地砚石制成的砚台称"西砚"。江山西砚具有研之无声,贮墨不涸,遇冷不凝,呵气成雾,发墨快,不损毫之特点,历来为文人墨客所青睐。

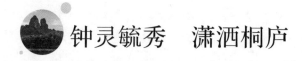钟灵毓秀　潇洒桐庐

——桐庐

桐庐县位于浙江省西北部，地处钱塘江中游。东接诸暨，南连浦江、建德，西邻淳安，东北接富阳，西北依临安。桐庐县域总面积 1825 平方公里，呈"八山半水分半田"的地貌特征。

桐庐自然风光优美，历史底蕴深厚，生态环境优良，交通便捷，素有"钟灵毓秀之地、潇洒文明之邦"的美誉。北宋名臣范仲淹感慨于这片土地上的奇山异水，赞之为"潇洒桐庐"，并写下了《潇洒桐庐郡十绝》。桐庐处于国家级风景旅游区"富春江—新安江"旅游线核心地段，上接黄山、千岛湖，下达杭州西湖，北连天目山，南依仙华山。桐庐拥有"中国长寿之乡""中国民间艺术之乡（剪纸）"以及"中国蜂产品之乡"等美誉。桐庐物产丰富，独具源远流长的美食文化与家宴历史。

桐庐食俗

春节时，早餐吃长寿面，正月初二开始拜年，正月十五闹元宵。清明插柳条，吃青粿。立夏时，中午开家宴，有约定俗成的习惯：吃鸡蛋，光滑不

生疔；吃小笋，节节有力；吃苋菜，不发痧；吃蚕豆，眼目清亮；吃乌饭，乌蝇不叮。饭后称体重，以免疰夏。

端午节，午餐食"五黄"，即黄鱼、黄鳝、蛋黄、黄瓜和雄黄酒，家家户户吃粽子。中秋家人聚会，赏月吃月饼。重阳节，家家户户裹粽子、做麻糍，且有登高之俗。

到冬至，有"冬至大如年"之说，农家制作麻糍。腊月二十三至过年前的这段时间，家家做豆腐、裹粽、做粿，一些农家宰猪、酿酒、打年糕。大年三十家宴，阖家团圆，菜肴丰盛，用餐时，鱼和圆子不食，以示"年年有余，圆满如意"，睡前用节节高（甘蔗）倚门，愿来年开门吉祥。

桐庐特色美食

❶ 十六回切

"十六回切"家宴在桐庐极为有名，起于南宋，盛于明清，有着"桐庐满汉全席"之称。筵席以 16 道茶点或菜肴为一个回合，回切就是切换的意思，故名为"十六回切"，其菜品、菜肴色香味俱全，讲求季节时令，以确保食材新鲜。筵席程序规范，文化内涵丰富，中有江南丝竹伴奏，司仪唱菜名，跑堂吆喝上菜，十分喜庆，获称"中国菜·全国省籍地域主题名宴"。

❷ 春江鱼宴

富春江江水清澈，渔业资源丰富，尤以鲫鱼、鲈鱼、鳜鱼、白鱼为最。传说盛唐时期，文人墨客钟爱一边乘游船赏富春山水，一边品尝富春江鲜，谓之渔船宴。唐朝诗人韦庄赞曰："钱塘江尽到桐庐，水碧山青画不如。白羽鸟飞严子濑，绿蓑人钓季鹰鱼。"春江鱼宴菜品沿用渔船宴的传统烹饪方法，以富春江特有的鱼类产品为主料，而鱼以严子陵钓台至窄溪一带所产的品质为最佳，制作过程注重原汁原味，少用调料。成品香气扑鼻，品尝起来更是具有鲜美、肉嫩、爽滑的特点，令人回味无比。

❸ 一品赛江鳗

一品赛江鳗中的鱼形似江鳗，实则为汪刺鱼，来源于富春江，品质上乘，此菜选取汪刺鱼的最佳部位烹饪而成。该菜刀工精湛，烹饪方法传统，是春江鱼宴中的一道菜肴，曾在桐庐美食养生大赛中获得特金奖殊荣。

❹ 七里神仙鸡

七里神仙鸡是"十六回切"中的一道菜肴，该菜具有香、鲜、浓、醇的特点，兼具地方特色与滋补效果，是桐庐的传统名菜。

❺ 桐君药膳养生宴

位于桐庐境内的桐君山是中华医祖圣地，桐庐乃以中医药鼻祖桐君老人结庐采药而得名。桐君药膳以药物和食物为原料，具有一定的食疗作用。

❻ 窄溪鱼宴

窄溪由水得名，因位于钱塘江最窄处，故名窄溪。这里自唐代以来便为渔村，明清时发展成为商埠，渔业发达。窄溪水深流急，鱼活动量大，海潮上溯于窄溪交汇，故窄溪鱼极其美味。

❼ 畲乡风情宴

"早知道畲乡好，请到莪山来。"莪山畲族乡是杭州市唯一的少数民族乡，畲族人热情好客，自称"山哈人"。畲乡宴待客的菜肴是山哈土菜，酒则为畲乡红曲酒，这一宴会体现出畲族人的亲切豪爽，尤具畲乡风情。

❽ 菌菇养生宴

桐庐得天独厚的地理环境，使得菌类生长旺盛。金网猴头菇、松茸牛肉菇等，在能工巧匠手中组成一道道菜品，把味觉与视觉巧妙融合在一起。

❾ **金秋蟹宴**

蟹之甘美，尤以江南窄溪的"铁壳秤砣蟹"为最。铁壳秤砣蟹得此名，主要因为它壳硬、结实。窄溪蟹取富春江野生蟹苗，富春江活水灌养，肉质结实，鲜美无比。

❿ **酒酿馒头**

酒酿馒头是桐庐的一道传统小吃。迄今为止，酒酿馒头制作方法仍沿用古老、独特的发酵工艺，其外观皮薄如纸，大而蓬松，入口滑润松糯，富有嚼劲，味微甜，不黏牙，极易消化。酒酿馒头弹性十足，于一握一松之间，馒头可立刻如同海绵般恢复原貌，令人称奇。

将馒头回蒸后夹上红烧肉、走油扣肉、肉丸子或素菜等吃食，带有荷叶与酒酿清香，是当地人逢年过节、婚嫁寿辰、乔迁宴请的佳品，也可作为家常点心，绿色、健康，传播久远。

⓫ **桐庐米粿**

桐庐米粿是 2019 年"杭州十大农家特色小吃"中唯一入选的桐庐小吃。米粿曾主要盛行于桐庐江南农村一带，过去主要出现在清明、春节等节日时分，在其他聚会场合也有出现。米粿具有洁白的外观、糯软的皮层，清香且有嚼劲，以春笋、猪肉、油豆腐、雪菜以及辣椒等为馅料，具有鲜香、鲜辣以及甘香的特点，给人以特别的回味。

桐庐风土物产

❶ **雪水云绿**

雪水云绿茶产自桐庐山区，生长在云雾缭绕的高山上，故称"雪水云绿"。雪水云绿以野生茶为主，其产区群峰叠翠，云海浩渺，掩映于林间的茶丛，汲取天地万物之精华，清香四溢。明代李日华所撰《六研斋笔记》曾记述，宋朝时雪水云绿就是贡茶。当代书僧月照诗云："雪山高万丈，泉水飞龙潭。天堂云雾露，孕育嫩绿香。"桐庐县新合乡的雪水、天堂二地，山高雾多气温低，所产的雪水云绿为茶中珍品。雪水云绿形似银剑出鞘，茸毫隐翠，汁色嫩绿明亮，清香甘甜，曾获中国国际茶叶博览交易会金奖。

雪水云绿属绿茶类针形名茶，因其原料的独特性，开创了全省乃至全国针形类名茶的历史。雪水云绿茶以"色、香、味、形"四美而见长，具有外形绿润细扁，汤色嫩绿明亮，香气清雅，滋味爽醇，叶底完美匀齐的特点。它形似莲心，玉质透翠，挺而匀，深得人们青睐。

❷ **桐庐蜂蜜**

桐庐蜂蜜享誉全国，由于蜂产业集群的形成，桐庐被誉为"中国蜂产品之乡"。早在 20 世纪，桐庐养蜂技术便处于国内领先地位，因之获得多项国家级荣誉，品牌产品不仅内销，还出口到欧盟、日本、韩国、美国等地。

❸ **桐庐白梨**

桐庐白梨果形大、果核小，皮薄、肉白，味甜汁多，口感香、脆、细、嫩，以白露时节所采摘的白梨口感最佳。

❹ **桐庐剪纸**

桐庐剪纸在中国剪纸艺术领域具有一席之地，是南方剪纸的典型代表之一。桐庐剪纸长于山水，不仅题材丰富，且形式新颖。桐庐县曾被文化和旅游部授为"中国民间艺术（剪纸）之乡"，桐庐剪纸也因此入选浙江省非物质文化遗产保护名录。

锦绣淳安城　诗意千岛湖

——淳安

　　淳安县位于浙江省西部，东邻桐庐、建德，南连衢江区、常山，西南与开化接壤，西与安徽休宁、歙县为邻，北与临安毗邻。

　　淳安历史悠久，文化底蕴深厚。淳安建制始于东汉建安十三年（208年），距今已有1800多年的历史，是徽派文化和江南文化的融合地。宋代理学家朱熹在淳安讲学时留下了"问渠那得清如许，为有源头活水来"的名句，明代著名清官海瑞曾在淳安任四年知县。淳安是浙江省地域面积最大的县，也是浙江省最大的移民县。

　　经历沧海桑田的淳安，直到今天，饮食中仍然传承保留着浓郁的地方特色，许多饮食品种、制作方法、礼仪习惯等，都与其他地方不同，并衍生出有淳安地方特色的农家土菜。

　　千岛湖有深厚的文化底蕴，餐饮文化亦有着丰富的内容和悠久的历史。作为旅游城市的千岛湖，其传统菜品山野风味足，游客们来此游山玩水之后，品尝不同地方的不同美食，亦是一大乐事。

淳安食俗

冬天吃暖锅炖菜，讲究有很多。山区农民喜好使用砂锅、汤瓶和暖锅（铜质，内有火管，俗称"暖碗"）炖菜，味道独特。"暖碗"很有讲究，大致有5层。最下面一层一般都是土猪肉，往上是蔬菜，再铺上一层白豆腐，白豆腐上面是一层海带，海带上面是一层萝卜。这样的"暖碗"最适合在冬天吃，热乎乎，香喷喷。

淳安的菜品与山水密切相关，具有很浓的山野风味。干菜、野菜、腌菜和咸味、辣味，构成了地方特色，如自制的白菜干、霉干菜、豇豆干、辣椒酱、腌蛋和腌火腿等。

过去，每逢过年过节，家家户户基本都开始做豆腐。淳安的农家豆腐，用的还是祖辈们留下的传统做法，而且花样很多，有辣豆腐、毛豆腐、霉豆腐、豆腐干等。

淳安至今还流传着从古到今的很多小吃，如玉米粿（苞芦粿）、米粉羹等。那句"脚踏白炭火，手捧苞芦粿，除了皇帝就是我"的民间俗语，就是最好的证据。

按照传统习俗，淳安人做这些小吃都是有讲究的，像春节做米粿，蒸包子和米粉糕，正月半做汤丸子，清明节做青粿、米粉粿。其中，淳安的清明粿很有特色。清明粿分两种：一种是用印模压制成的表面有各种花纹的圆形粿，当地人叫"印版粿"；一种是用米粉做成的，呈木梳状，以肉、菜做馅，叫作"囡梳粿"。如果是以米粉掺艾青泥拌和做成的木梳状粿，就叫"青粿"，以圆形包麻糖居多。端午节包粽子，六月六包包子。中秋节做麻糍，有的捣米饭疙瘩（俗称冷饭粿汤）。重阳节裹粽子，十月半做米粿，腊八节做羹，等等。

随着物质生活水平的提高，这些小吃平日里都能吃到，节日的传统习俗也渐渐淡化了，除了清明和端午还保留着做青粿和包粽子的习惯，其他节日里与小吃相关的习俗已经很不明显。

淳安的糖果茶点文化，在餐饮美食中也是不可或缺的"配角"，葵花子、北瓜子（南瓜子）、山核桃、猕猴桃、麻酥糖、葛粉或薯粉糊，常常出现在餐桌上。每到春节，淳安人要熬煎很多糖饴，再用芝麻、爆米花、薯条等做成麻片糖、麻酥糖和冻米糖，花样繁多。

过年杀年猪，做米羹，各地吃法各有不同。过年吃年猪肉是淳安一直就有的传统习俗。冬至过后，就可以开始杀年猪了，日子各家自挑。每到杀猪这天，大家总会邀上亲戚好友和邻居一同前来分享，然后将猪头、猪肋条和猪腿腌制，并用灶烟熏成腊肉。不过在淳安的南片，更喜欢"淡风干肉"，这是不同于北片农家的另一种猪肉储藏方法。这种肉用炭火炖起来，香气虽比不上腌肉或腊肉，但吃起来不仅鲜美，而且很有嚼头。

除了吃年猪肉的习俗，大年三十那天，家家户户都要做米羹。而不同的乡镇，做法都有所区别。比如汾口米羹，里面加的是大肠，而威坪则是油豆腐，姜家镇做的米羹是加肉的。

另外，筵席宴会文化也是淳安饮食文化的综合体现。如淳安睦州宴、贺城府宴、狮城宴、山越石窟宴等一系列传统名宴，都有一定的文化内涵。此外，在农村婚宴中还有吃米羹、喝茶点、吃大餐、炒盘子等一整套程序和礼节，独具特色。

淳安特色美食

❶ 千岛湖砂锅鱼头

"千岛湖水人间稀。"千岛湖水色澄清晶莹，清澈见底，属国家一级水源。早在唐代，千岛湖就以"清溪清我心，水色异诸水。借问新安江，见底何如此"而蜚声四方。据相关部门检测，千岛湖水的 pH 值为 7.1—7.4，为弱碱性，水中溶解氧在每立方米 6 毫克以上，且污染物质含量极少，是名副其实的"清溪水"。千岛湖有机鱼在浩瀚的湖里自由驰骋，游来游去，无半点泥腥味，而且由于水质清澈，营养物质少，鱼儿们为了寻找食物和避免成为食物而奔波，运动量大，故而肉质细腻鲜嫩。

砂锅鱼头以千岛湖有机鱼为原料，经过选、杀、炖等多道工序，以独创的技法精心烹制而成，是天然绿色食品。这款菜肴的最大特点是汤汁乳白、原汁原味，鲜而不腥、浓而不腻。此菜服务过程也颇有讲究，上桌时砂锅上会贴有封条，待尊贵的客人启封后方可开盖。此菜多次获得各类殊荣，深受人们喜爱。

❷ 古法笋煲

将带壳新鲜笋与农家火腿放在农家特制的大砂锅里，以炭火慢炖，成品笋肉脆嫩，笋香更浓味道甚佳。相传，此菜与当地革命志士方海春的乡愁故事有关。

❸ 清水螺蛳

江南民谚有云："清明螺，抵只鹅；春天螺，赛天鹅。"清明前的螺蛳，尤其肥硕，而食用千岛湖清水螺蛳则更是一番享受，这是食客们应时必点之美味。

❹ 秀水鱼鳔

秀水鱼鳔取材自千岛湖胖头鱼，含有丰富的蛋白质与脂肪，药用价值高，绵糯咸鲜，口感松软。

❺ 千岛湖都宴

千岛湖都宴承载了淳安三十六都、遂安十八都的乡土风情与悠久历史。千岛湖都宴的五十四味菜肴可合可分，冷菜由五都·横塘地衣、三都·宋村小鱼干、十八都·左口蜜枣、十都·龙源板栗、二十六都·茶园香干及三都·云溪金鳅所构成，热菜由十一都·临岐农家暖锅、七都·唐村刮刮粿、十二都·汾口毛豆腐、十二都·御岭神仙豆腐、六都·安阳肉圆子、三十一都·里商粽香肉、三十六都·贺城狮子头、二都·金峰特色猪头、千岛湖·番茄砂锅鱼头、十五都·浪川风干肉煲、八都·白马笋煲、六都·威坪鸡汤瓶所构成，点心由三都·梓桐苞芦粿、十二都·汾口米羹所构成。这些菜肴各具风味，是各都的代表菜肴，源自山野的食材成就了惊艳世人的地道美食。

❻ 玉米粿

玉米粿，又称苞芦粿，是淳安农村的一种独特美味的主食。玉米性喜高温，需水较多，适宜于疏松肥沃的土壤。千岛湖田少旱地多，所种植的玉米生长期长，结出的籽粒如马齿，晶莹透亮，颗粒似珍珠。将晒干的玉米粒用磨碾成粉，为保留成品的韧性与乡野之味，最好选用石磨。燃起柴灶，铁锅内盛入适量水，待水烧开了，将玉米粉倒入，边煮边用铁锹拌搅，并适时加入开水，待粉成团后将其掏起放案板上，反复揉搓并均匀分为小粉团，以掌挤压，形成厚薄匀称且圆的饼（粿）。将做好的粿放入热的铁锅煎，掌握好火候，待到两面都黄硬了，即可趁热吃，也可搭配农家的腌菜、萝卜条，颇有乡间野趣。

淳安风土物产

淳安的饮食，由山区人民的勤劳与智慧凝结而成，而茶与酒在淳安这方天地里，也有别样的精彩。淳安除了有以鸠坑茶、千岛玉叶为代表的上等绿茶之外，还有黄金茶、苦丁茶。每一种茶，都有它们悠久的故事。山区农民除了茶，还喜饮自酿的高粱、大麦、玉米和糯米白酒，有的亦自制糯米甜酒酿（俗称麻糟酒）和水酒喝。这当中，以自家酿制的荞麦烧、金刚刺白酒为上品，当然还有像菖蒲雄黄酒、茱萸酒、红曲酒等，口感也不错，还具有一定的养生功效。

❶ 淳安冬酱

淳安冬酱为浙江省一大地方名产。淳安冬酱以辣椒和酱黄为主料制成，因其制作和食用多为冬季，故名冬酱。淳安冬酱以色泽红亮油润、酱香浓郁、鲜辣味美、清香可口、营养丰富、经久耐藏而著称，具有增食欲、助消化的功效。冬酱既可做菜肴，又可当调料，其制作简便，经济实惠。当地民间家家户户每年都会制作冬酱。

❷ 千岛玉叶

千岛玉叶产于浙江省淳安县千岛湖畔。茶叶粗壮，有白毫的特点，故被命名为"千岛玉叶"。月白新毫，翠绿如水，纤细幼嫩的千岛玉叶，获得了茶叶专家的一致好评。千岛玉叶的品质特征如下：外形扁平挺直，绿翠露毫，芽壮显毫，翠绿嫩黄，香气清高，内质清香持久，汤色黄绿明亮，滋味醇厚鲜爽，叶底嫩绿成朵。该茶与同产一地、形质近似的清溪玉芽，均为浙江名茶中的后起之秀。诗赞："千岛湖畔产，品质齐超群。玉叶与玉芽，睦州姐妹茗。"自20世纪80年代中叶起，千岛玉叶屡获殊荣，荣获中国国家地理标志证明商标。

❸ 鸠坑毛尖

千岛湖自古以来就被誉为"茶的故乡"。鸠坑毛尖在唐朝即被列为贡品，已有 2000 余年的生产历史。宋人陈晔品尝了鸠坑毛尖后，情不自禁地写下了"我爱淳安好，溪山壮县居，锦文光灿烂，雉羽泄轻徐"的诗句，他将鸠坑毛尖比喻成"雉羽"，将喝了"雉羽"后的那般清心爽神之感用"泄轻徐"来形容，再是恰当不过。此茶成品外形紧结挺直，色泽翠绿显毫，香气浓郁持久，滋味鲜爽甘洌，汤色嫩绿清亮，叶底嫩匀成朵。

❹ 千岛湖鱼干

千岛湖鱼干是千岛湖的特产。千岛湖淡水鱼资源丰富，种类达 90 余种。千岛湖鱼干是选用千岛湖鲜鱼经特殊工艺加工而成的，味道鲜美，营养丰富。

千岛湖是淡水鱼的一个"大仓库"，有 90 多种淡水鱼，由其制作而成的各式水产品丰富多样。鳜鱼、鳊鱼、鲢鱼、干鳅、石斑鱼、棍子鱼等，各种大大小小的鱼经过曝晒或烘焙，被制成各式鱼干，或咸或淡，有的长达一米，挂在土特产商店的货架上，甚是壮观。现在也有将新鲜的鱼经过处理，剁成一段一段封好售卖的。鱼干可制作成煲等美味佳肴，深得人们的喜爱。

❺ 千岛湖啤酒

千岛湖啤酒采自被誉为国家一级水体的千岛湖源头活水，天然纯净，味道甘洌。淡爽型啤酒对水质的硬度极其讲究，千岛湖水质稳定，天然适合酿造淡爽型啤酒。千岛湖啤酒采用传统酿造方法，纯种发酵，香气清雅，入口柔和，回味甘爽，令人有再饮的欲望。

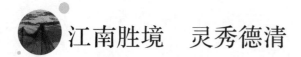

江南胜境　灵秀德清

——德清

德清县位于长三角腹地、浙江省北部，是杭州都市圈的重要节点县。德清底蕴深厚，是历史人文的沃土。县名取"人有德行，如水至清"之义，建县至今1800年，留存有中初鸣制玉作坊、千年古刹云岫寺等历史文化遗迹，是中国原始瓷器、珍珠人工养殖技术等的重要发源地，孕育了孟郊、沈约等历史文化名人，形成了防风文化、游子文化等独特地域文化。德清见山望水，是生态优美的净土。县域"五山一水四分田"，下渚湖、莫干山、新市古镇皆汇聚于此，素有"鱼米之乡、丝绸之府、名山之胜、竹茶之地、文化之邦"之美誉。

德清食俗

❶ 春节

农历腊月二十三至正月十五，俗称过年。年初一为正日，初一早晨吃甜汤圆，亦称吃"顺风圆"，寓意顺顺利利、平平安安，一年从头甜到尾。人不分老幼，都穿新衣服。遇见亲朋好友或熟人，抱拳为礼，言必"恭喜发财"。

正月初一一般不出门做客，而是拜见长辈。初二至初七走亲访友，至亲轮流请吃"新年饭"。农村此风更甚，戏称新年饭要吃到正月半，以保持亲戚间的关系融洽且长年不断。初三广安灶，祈求终年平安。初四，一般家庭都用活鲤鱼接"财神"。初五商店开门营业。

❷ 元宵节

正月十五日元宵节，又称上元节、灯节。灯会上，有龙灯、狮子灯、马灯、鱼灯、十样景灯、叶团灯等，好生热闹。元宵夜吃汤团，寓意"团团圆圆"。

❸ 清明节

清明节举办蚕花庙会，祈求蚕茧丰收；食螺蛳，称为"挑青"。

❹ 端午节

五月初五端午节，也称端阳节、重五、天中节，为民间传统节日。民居门上挂桃枝、艾蒿、菖蒲、大蒜头，人们常饮雄黄酒，吃黄鱼、黄鳝、咸蛋及粽子。

❺ 立夏

旧时有赴郊外采野笋、豌豆，搭锅煮豌豆饭之俗，名曰"烧野锅饭"。

❻ 中秋节

农历八月十五日中秋节，也称"团圆节"。节前，亲朋好友互赠月饼。

❼ 重阳节

农历九月初九，称九九重阳。民间向来有持蟹饮酒、吃重阳栗糕的习俗，旧时有高处攀登之习，喜庆当年丰收，预祈来年丰登。

❽ 冬至

农历冬至节气一到，意味着天气转冷，进入严冬，俗谚有"冬至大如年"之说。冬至夜，人们烧煮毛芋艿、番薯、风菱，品尝自制米酒。人们的生活水平提高后，也煨鸡，煮桂圆糖汤蛋，熬膏方，炖人参，冬至进补之风渐成。

自农历十二月二十三日起，过节气氛渐浓。年三十（除夕）全家团聚吃年夜饭，菜肴丰盛，寓意吉利，有笋干（节节高）、元宝蛋（招财进宝）、虾圆、肉圆（团团圆圆）、全鱼（吃剩有余）等。

❾ 下渚湖"三道茶"风俗

"三道茶"是德清古老而淳朴的迎宾待客礼数，历经千年，在德清城乡坊间，仍得到完美的传承与弘扬。佳节或走亲访友之时，主人都会端上"三道茶"招待宾朋与故旧。"三道茶"由甜茶、咸茶和清茶三种风味迥异的茶所构成，道道独具特色，令人唇齿留香，难以忘怀。

"三道茶"里的甜茶所用食材为镬糍，是地地道道、原汁原味的农家特产，由糯米制作而成。颜色乳白的镬糍是手工制作的，既可干吃，也能冲入开水泡软后食用，口感清甜香糯，入口即化，俚歌"洪钧一转天为云，纸薄冰莹鸭羽轻，看似平常最珍贵，只馈产妇与亲朋"所指即为镬糍。泡茶人温杯净手，煮水人点头摇扇，将片片雪白镬糍轻轻拨入茶碗之中，加白砂糖、玫瑰点缀其中，色香味俱佳。

第二道咸茶是下渚湖最具特色的"防风神茶"，茶圣陆羽的《茶经》中有记载。当地民间以配料独特的烘青豆咸茶为饮，这来源于当地古老的乡土茶俗"打茶会"，这一茶俗世世代代沿袭至今。新鲜青毛豆剥壳后，放入淡盐水煮熟，炭火焙烘，加工成绿如翡翠、松脆上口、咸淡适中、香而鲜美的烘豆。橙子皮有理气化痰、健脾胃之功效，将其切成细丝条，加盐腌制。圆珠状的紫苏籽、细细的野芝麻冲泡时浮于水面，齿嚼而碎，余清香，提神醒脑，健脾开胃。胡萝卜干丁有健脾养血之效。这些均称为茶礼果。上好绿茶叶也不可或缺。防风神茶的吃法颇有讲究：头道，先品尝茶汤原汁，第二道，才吃烘青豆；吃茶者左手举茶盏至胸前，盏口朝里呈45度倾斜，右手掌底轻轻叩击盏口,叩一下,茶盏底部的食物往上推一点,再叩再吃,如此再三,直到全部吃完。饮者举止有礼,主客皆欢喜。

吃完第三道沁人心脾的"清茶",才算功德圆满。"清茶"为产自清幽的莫干山区的莫干黄芽,为稀有的黄茶珍品,其品质可与安吉白茶、长兴紫笋茶等名茶媲美。莫干黄芽纯手工炒制,深受世人青睐,现已获得国家"原产地证明商标"注册。莫干黄芽茶香浓郁,汤色清澈,茶味鲜醇,回味甘甜。

德清特色美食

❶ 家乡鱼面筋

鱼面筋是在鱼圆的基础上改良而成的,因其外形酷似油面筋而得名,不过,鱼面筋质地细嫩,而且极富弹性,所以在口感上要比油面筋略胜一筹。此菜系将鱼肉做成鱼面筋,再与木耳、冬笋、方腿等加调料合烹而成。成菜后,色泽明亮,质嫩味鲜,富有弹性。

❷ 年猪饭

在德清西部山区,吃年猪饭是沿袭至今的风俗。旧时,过年时能够吃上猪肉寓意生活富足。每年到腊月时,家家户户都要杀年猪宴请亲朋好友,为来年祈福。无论是年俗,还是食物,都令人回味。

❸ 鱼汤饭

在"靠山吃山,靠水吃水"的德清,下渚湖一带的村民自吴越时期便以养鱼、捕鱼为生,也因此形成了吃鱼汤饭的习俗。相传,在下渚湖治水的防风王,为了犒劳手下,搭起大锅煮鱼汤。煮制过程中,防风王不慎将烘豆茶的茶水倒进锅中。出乎意料的是,其手下喝了鱼汤,体内湿寒尽散,治水更有精神。因此，下渚湖鱼汤饭也称为"防风鱼汤饭"。

❹ 新市羊肉

新市羊肉起源于宋代，已有 1000 多年的历史。新市羊肉秉承古法进行烹制，其配料独特，味道醇厚，香味浓郁。熬得酥嫩的羊肉若配上热气腾腾的面条，则是美味至极的酥羊面。

❺ 新市茶糕

德清新市茶糕，可以当作早点，是开启元气满满一天的好物。德清人喜欢去早餐店，点一块茶糕，就一碗咸豆浆。

❻ 麦芽饼

麦芽饼为德清的特色传统茶点，是一种乡土点心，为当地特产之一。其以米粉、麦芽粉及一种叫作"草头"的野草为原料制作而成，吃起来香甜软糯，既是充饥的好干粮，也是吃熏青豆茶时不可或缺的应时之美味。

在德清莫干山，洋家乐颇成气候，即便如是，莫干山的笋干、山里圆子及红薯干仍是当地人与游客们不可或缺的乡土美食。

德清风土物产

德清物产丰富，不仅有传承久远的茶糕、麦芽饼等传统吃食，亦有草莓、枇杷、桃子及葡萄等四季鲜果，更有珍珠、丝绸等制品名扬海内外。

❶ 新市羊肉黄酒节

自清末民国初年始，新市酱羊肉就闻名于世。新市特产之湖羊，以独特的工艺加工成酱羊肉，色香味俱佳。每日五更，市民便提着灯笼，排队等候开锅羊肉；喝黄酒，品羊肉，其乐融融。八月丹桂飘香之时，便是新市开羊刀之际，届时，市民抬着湖羊和黄酒，锣鼓鞭炮不绝于耳，热闹非凡。羊肉黄酒节延续至今，年年举办。

❷ 新市蚕花庙会

据史载，春秋时期，美女西施赴姑苏，途经新市，目睹万顷桑海，满仓银茧，欣然上岸，坐轿巡游，沿路向蚕民撒蚕花，以示祝贺。从此，蚕农把西施奉为"蚕娘"，把西施所撒之花称为"蚕花"。当地每年清明举办蚕花庙会，八方蚕农云集新市瞻"蚕娘"，"轧蚕花"，形成民间节庆。

1999年新市蚕花庙会得以恢复，至今已举办多届。每年蚕花庙会万人空巷，盛况空前。如今，新市蚕花庙会已被列入浙江省非物质文化遗产项目，每年都在传承中不断创新。新市，也以其丰富的庙会文化获得"中国民间文化之乡"的称号。

长三角明珠　古生态之乡
——长兴

　　长兴县是全国文明城市，地处浙皖苏三省交界，是浙江的北大门，县域面积 1430 平方公里。其位于太湖西南岸，地处长三角中心腹地，北与江苏宜兴、西与安徽广德交界，自古被称为"三省通衢"，区位优势明显，交通发达。

　　长兴属太湖流域，境内平原河港交织，山区有溪涧及山塘水库。长兴主要水系有西苕溪水系、长兴平原水系、东部平原河网与运河。长兴属亚热带海洋性季风气候，气候特征为：光照充足、降水充沛、四季分明、雨热同期。

　　长兴建县始于西晋太康三年（282 年），隋唐初年升为州，明洪武二年（1369 年）改州为县，已有 1700 多年历史。长兴是陈朝开国皇帝陈武帝陈霸先的故乡，境内保留着他沐浴的水井。茶圣陆羽在长兴写就了旷世巨作《茶经》，成为中国茶文化的奠基人，长兴也因此成为茶文化的发祥地。在历史长河中，还有诸多文人墨客在长兴留下足迹，如吴承恩、赵孟頫等。现在，长兴是革命老区，有国家级文物保护单位、被誉为"江南小延安"的新四军苏浙军区司令部旧址。

长兴食俗

长兴历来有"鱼米之乡""丝绸之府""东南望县"的美誉。千百年发展历程中，也传承下属于一方水土的饮食习俗。

农历十二月下旬至次年年初，在长兴有一系列过年的欢庆活动，要掸尘，酿酒，磨米粉，打年糕，备年货，吃年夜饭。伴随着生活水平的不断提高，过年时节，菜肴的花色品种不断增多，有鱼圆、花饼、爆鱼、卤肉、炒三鲜、三冬、四件、肉结、肚片、鱼片、鸡丁、蛋丁及海参等，炒菜皆用冬笋、韭芽、香菇、黑木耳进行搭配，也有白木耳、莲子甜羹、干贝及开洋发菜汤等。

正月十五闹元宵，有猜灯谜、食汤圆等习俗，俗称"闹元宵"。农历二月二则有吃年糕汤等风俗。立夏吃樱桃、嫩蚕豆，午后称体重，以免疰夏。农历四月初八，以南烛叶染糯米煮饭，名曰"乌米饭"，食后可防蚊虫叮咬。

端午则有食雄黄烧酒、绿豆糕、咸鸭蛋、黄鱼、鳝鱼及芦箬粽子之俗。农历八月十五，民众以月饼相赠，食鲜藕、水红菱及柿子等。小雪节气时，民间开始酿酒，冬至时，农家制作熟米粉拌沙团子，名为"冬节团子"。

农家常备菜肴有冬腌菜、干菜、笋衣、笋干、咸肉、咸蛋及咸鱼等，长兴酒席常由四冷盘、四整货、十六热炒、两甜羹及两点心所构成，农村则有十六盘、二十盘及二十四盘不等。

长兴民众习惯饮绿茶。农村冬春则细、夏秋则粗。正月敬茶尤为讲究，可分糖茶、冻米糖茶、烘青豆糖茶、茶叶茶、烘青豆茶五种。烘青豆茶为佳品，即将上年青黄豆仁去衣、煮熟（熟而青，不黄为宜），烘燥，存放于石灰甏，名曰烘青豆；橙子取皮切丝用食盐腌制，放在瓶中密封保存；胡萝卜切丝腌制，晒干，存放石灰甏中，名曰"丁香萝卜干"；又用野苏子，俗名野芝麻。正月来客时，将上述四种掺和，加少量细芽茶叶冲泡，味咸而鲜，芳香扑鼻。

长兴特色美食

❶ 炒"三冬"

长兴名菜炒"三冬"以冬腌菜、冬笋及冬菇为主要原料。腌制的芥菜，又名雪里蕻，烧鱼味道尤佳，也是配料之一。长兴盛产竹子，长兴人素来爱吃笋，餐桌上也常见笋及笋干。冬菇则含有丰富的蛋白质和多种人体必需的微量元素。三者组合而成的炒"三冬"是应时之菜肴，咸鲜合一，口感特别。

❷ 洪桥千张

长兴洪桥千张形似豆腐干，烹煮后，以其独特的烟熏香味令人回味无穷。洪桥千张制作时所用的水源与老黄豆皆是其品质的重要保证，而传统的农家烹调方式更是赋予这道质朴的食材以色、香、味俱佳的滋味。

❸ 盐焗白果

长兴的十里银杏长廊造就了满目金黄中俏丽点缀的白果。长兴盐焗白果也被称为古法焗白果，即用最原生态的方法将白果放入事先炒热的食盐里继续翻炒，直至其膨胀裂开，发出响声。白果具有养颜、延年益寿等药用价值，绿色生态的盐焗白果广受欢迎。

❹ 太湖银鱼

银鱼是太湖著名特产，清康熙年间，其与白鱼、白虾并称为太湖三宝。银鱼形似玉簪，细嫩透明，柔若无骨，色泽似银。春秋时期太湖已盛产银鱼。品种有大银鱼、雷氏银鱼、太湖短吻银鱼和寡齿短吻银鱼等。银鱼肉质肥嫩鲜美，营养丰富。银鱼炒蛋、银鱼丸子、芙蓉银鱼和银鱼馄饨等是太湖名菜名点。

❺ 太湖白虾

白虾是太湖名产。白虾壳薄，活时透明，死后变成白色，因此而得名。白虾俗称"水晶虾"，肉嫩味鲜，营养丰富，可烹制多道菜肴。著名的"醉虾"，上桌后还在活蹦乱跳，吃在嘴里，细嫩异常，鲜美无比。太湖白虾的制作方法很多，除用白虾做"醉虾"外，还可制作红烧白虾，也可剥虾仁食用，其肉嫩，出肉率颇高，另外也可加工成虾干，食用极为方便。

长兴风土物产

长兴西倚天目，东临太湖，形成了山水相间的优越自然环境，自然、人文景观丰富多样，这也为长兴带来了丰富的物产与人文积淀。长兴银鱼、白壳虾、鲚鱼、大闸蟹闻名海内外，被誉为"太湖四珍"；银杏、板栗、青梅、栝楼久负盛名，被尊为"长兴四宝"；而紫笋茶、紫砂壶、金沙泉等被称为"品茗三绝"，令世人称绝。

❶ 紫笋茶

紫笋茶是长兴县特产，是国家地理标志产品。长兴紫笋茶亦称湖州紫笋、长兴紫笋，早在1200多年前已负盛名，自唐代广德年间至明洪武年间被列为贡茶。紫笋茶制茶工艺精湛，茶芽细嫩，色泽带紫，其形如笋，故得名紫笋茶。

❷ 湖羊

《中国农业志》称"长兴是湖羊的发源地"，此说来源于每到冬季，长兴人有用桑叶喂羊的传统，这一习俗揭示了有"软宝石"之称的湖羊的来历。据传，元末明初，朱姓皇帝为了巩固江山根基，削减元末统治者残余势力，令京畿内的蒙古皇族移居长兴太湖边，赐"钦"姓，使其繁衍成为长兴的名门望族。蒙古人南下之时，牵来了头长"月牙角"的蒙古羊，到太湖西南岸后，遍地是稻麦，蒙古羊无法放牧，圈养后只能吃人工割的青草和营养丰富的桑叶，由于冬桑叶的医疗保健功效，羊的皮毛闪闪发光，羊羔皮成为出口欧美和东南亚的"软宝石"，蒙古羊进化为"湖羊"。至今，长兴还保留着湖羊美食节这一节庆活动。

❸ 米酒

"老白酒，红曲酒，长兴人过年喝米酒。"年节前后整个长兴城乡，到处弥漫着一股乡情浓郁的"米酒香"。南北朝时，长兴出了个皇帝陈霸先，节日庆典之时，其往往以酒助兴，庆祝捷战之时，也往往用酒生智壮胆。那时，能工巧匠云集的长兴，应运酿造"箬下春"酒。史料记载，"箬下春"是一种近乎黄酒的米酒，家家户户都会做，男女老少皆宜。清朝时期，河南、温州迁徙而来的民众带来了酿造老白酒、红曲酒的技艺，长兴民间也兴起了以自制米酒欢度年节、赠送亲友的习俗。20世纪二三十年代，太湖南岸汇聚了各地渔民，渔民们为驱寒祛湿，酿制了名酒"见仙醇"，风靡一时。相传，酿造过程是糯米、小麦掺半，当酒液从蒸馏壶嘴流进尖底的酒氅那一刻，将太湖里捉来的野鲫鱼，趁其活蹦乱跳之际，抛进八成满的氅里，鲫鱼在温热的酒水里游动时，即将氅口用竹箬和砻糠泥封住，放在地窖中储藏。待来年清明启封之时，鲫鱼早已鳞骨无存，而酒的味道却鲜美无比，喝来令人全身舒畅。

❹ 长兴吊瓜子

长兴吊瓜子学名栝楼，为葫芦科多年生草质藤本植物，主要产于浙江省长兴县，生长在海拔100—1800米气候温润的山谷密林和坡地灌丛中，既可食用，又可入药，其根、籽、皮皆是重要的中药材。长兴吊瓜子富含营养成分，其中蛋白质、脂肪、纤维素、微量元素及生物碱、黄酮类、苷类等含量颇丰。

❺ 长兴白果

银杏，俗称"白果树"，寿命极长，长者可达千年，其果实叫白果。在湖州的古寺庙，一般都能见到一两株参天的银杏树，唯独长兴多得成林。银杏果实——白果，炒熟可食，香糯可口，也是一味名贵药材，有一定的收敛、镇咳、祛痰的功效。

❻ 银杏茶

银杏叶在民间入药已经有上千年的历史。银杏茶，全部采用天然银杏叶，经精心挑选，用传统工艺加工而成，保持植物原有的全部精华。其饮用方便，清香可口，回味无穷，是心血管疾病与神经性疾病患者的天然饮品。

❼ 胥仓雪藕

胥仓雪藕又称长兴雪藕，为国家地理标志产品，产于长兴东部吕山乡胥仓桥村花墙门前的湾鱼池，以藕体细腻、洁白似雪而得名。胥仓雪藕肉质鲜嫩，清脆爽口，汁多味甘，闻名遐迩，为长兴一大特产。

❽ 长兴青梅

长兴种青梅的历史由来已久。长兴"合梅"，因其产地主要在合溪八都岕一带而得名。长兴青梅果形中等，酸度高，适宜加工成乌梅干和蜜饯。乌梅干为长兴传统特产，具有止咳消肿等多种功效。

中国竹乡　生态安吉

——安吉

安吉县位于浙江省西北部，地处长三角地理中心，是上海黄浦江的源头、杭州都市圈重要的西北节点，县域面积1886平方公里。安吉建县于公元185年，县名取自《诗经》"安且吉兮"，是艺术大师吴昌硕的故乡。2005年8月15日，习近平总书记在安吉余村首次提出了"绿水青山就是金山银山"的科学论断。

安吉人文底蕴深厚，形成了竹文化、茶文化、昌硕文化、移民文化等多元交融的地域特色文化，文物蕴藏量居全国各县（区）前十位，境内的上马坎旧石器文化遗址，将浙江境内人类的历史提前到距今80万年前。

安吉食俗

安吉在过年时有着特定的习俗。春节前的数天，是农妇们最忙的时候。她们准备黄豆、糯米，用水浸泡，准备过年时磨老豆腐、打年糕用。杀年猪是安吉农村过年的习俗。农村的年味，也是从杀年猪开始的。杀年猪时，左邻右舍和亲戚朋友会被邀请来吃新鲜猪肉，一起享受丰收的喜悦。正月初一早晨，吃汤圆子、汤团，或吃粽子，或吃面。正月时，客人进门，主人会泡"糖茶"，寓意"一年甜到头"，有些区域则以"青豆茶"待客。正月十五夜为"元宵"，也被称为"上元节"或"灯节"，早餐吃元宵（汤圆子），本地亦有出花灯、舞龙灯等习俗，也称"闹元宵"。

立夏家家户户吃茶叶蛋，吃由豌豆或蚕豆烧制的糯米饭，午饭时菜肴丰盛。祖籍宁波的一些农家则有吃健脚笋（即煮熟的不切断的小竹笋）的习俗，期望立夏后生产渐忙时节能够手轻脚健。

农历五月初五为端午节，家家户户大门上插菖蒲和艾叶，吃粽子和绿豆糕。午餐菜肴丰盛，吃"五黄"（即黄鳝、黄鱼、黄瓜、雄黄酒和咸鸭蛋）。安吉旧时有农历四月初八吃乌米饭之俗，至今仍有流传。

农历八月十五中秋节，晚餐菜肴与酒皆丰盛，阖家欢聚一堂，赏月吃月饼。大的月饼被称为"翻烧"。农历九月初九为重阳节，店家应时出售重阳糕。

安吉风味食品主要有汤团、团子、粽子、饺子、面条、麦糊烧、锅糍粉、年糕及糍粑等，这些既是平日点心，也是节日应景之食品。平时，当地民众多饮绿茶，老人和匠人则喜饮红茶。夏季，农家有的饮用"六月霜"。"六月霜"为当地所产的一种药用植物，以"六月霜"为原料配制的凉茶是具有当地特色的消暑清凉饮品。

安吉特色美食

❶ 安吉百笋宴

安吉被誉为"中国第一竹乡"，境内以竹闻名的景点颇多，也因之诞生了与笋有关的一系列菜肴。安吉百笋宴便是其中的经典代表，得赞曰"天下第一素食"。由蚝油笋丁、咖喱菊花笋、辣味笋、竹筏牛肉粒所组成的冷菜，春笋菜衣包、鸡汁鞭笋、健脚笋、烤毛笋、笋衣烧卖、雪菜小野笋、竹乡笋饼等所组成的热菜，以及迷你笋肉粽与竹筒饭所组成的点心，成为当地笋味美食的经典代表。

❷ 安吉土鸡煲

土鸡煲是安吉一大特色菜，所谓"餐无土鸡，未到安吉"。安吉的土鸡全部放养于大自然的竹林间，通常由其自己捕食并同时配合谷粒喂养，其饮石涧山泉，绝对绿色无污染。安吉土鸡煲汤色晶莹，香味浓且醇厚。

❸ 船头鱼

船头鱼是浙北第一水库——赋石水库所在地赋石村的特色美食，船头鱼口感鲜嫩，鲜香滋味令人回味无穷。

❹ 腌笃鲜

腌笃鲜是安吉人最喜爱的美食之一，咸肉与冬笋的结合，达到了咸鲜合一、相得益彰的效果。安吉腌笃鲜好用冬笋，用暖锅一直煨，汤汁越浓，味道越好，香气扑鼻、鲜味四溢。

❺ 红烧土猪肉

在安吉农村，杀年猪一俗传承已久。红烧土猪肉因其原生态的食材，香味馥郁，滋味鲜美，酥烂入味，肥而不腻。

❻ 乡村鱼圆

鱼圆是安吉梅溪一带的特色小吃。将鱼肉剁碎后，加入鸡蛋清、料酒和盐水，一直搅拌，手工挤成大小均匀的丸子，放入锅中煮开即可。手工鱼圆味道鲜美，具有爽滑的口感，深受大众喜爱。

安吉也有畲族村落，畲族自称"山哈"，意为山客，表示对大山的敬重。

乌米饭、板栗、番薯及黄金粽是颇具畬族风情的食物，是安吉畬族饮食文化代际传承的象征。此外，余村的白果、竹荪及莲子，西苕溪盛产的清水河虾，浙北高山第一村的石笋干，还有安吉秋天的鞭笋，都承载着浓浓的乡愁，是极具安吉地方特色的美食代表。

安吉风土物产

❶ 安吉白茶

安吉白茶，为浙江名茶中的后起之秀。安吉白茶是用绿茶加工工艺制成的，属绿茶类。其白色，是因为其加工原料采自一种嫩叶全为白色的茶树。安吉白茶（白叶茶）是一种珍罕的变异茶种，属于低温敏感型茶叶。茶树产"白茶"的时间很短，通常仅一个月左右。以其原产地浙江安吉为例，春季，因叶绿素缺失，茶树在清明前萌发的嫩芽为白色。在谷雨前，其色渐淡，多数呈玉白色。雨水后至夏至前，逐渐转为白绿相间的花叶。至夏，芽叶恢复为全绿，与一般绿茶无异。正因为神奇的安吉白茶是在特定的时期内采摘、加工和制作的，所以茶叶经冲泡后，其叶底也呈现玉白色，这是安吉白茶特有的性状。

❷ 安吉冬笋

安吉冬笋是立秋前后由楠竹（毛竹）的地下茎（竹鞭）侧芽发育而成的笋芽，因尚未出土，笋质幼嫩。历代美食家都把竹笋列为"素食第一品"。安吉冬笋个体丰满，色泽黄亮，壳薄，肉色白，肉质嫩，味鲜。安吉孝丰镇有一道名菜——冬笋炖肉，这道菜与"二十四孝"中"孟宗哭竹求笋"的故事有关。相传孟宗之母生病之时，想吃竹笋烧肉。然而，当年冬季大雪封山，竹笋迟迟未萌芽，孟宗跪于竹林前，恳求上苍开恩，早点长出竹笋。次日，只见屋前竹林泥土松动，土层微突，孟宗挖开一看，泥层下面竟然长出黄澄澄的竹笋，一个个肥短可爱。剥开一看，笋体嫩白松脆。孟宗大喜，取之回家，煮了一锅"冬笋炖肉"端上。老母吃了之后，胃口大开，连声夸奖味道好。说来也怪，没过几天，孟母的病就痊愈了。

❸ 安吉山核桃

山核桃为安吉著名的干果特产。山核桃香脆可口，肥厚甘美，可炒食和制作成各种糕点，深受消费者的欢迎。山核桃油质地优良，以油酸和亚油酸等不饱和脂肪酸为主，不饱和脂肪酸含量很高，是易消化和防治高血脂与冠心病的优良食用油。

风情西塘　水韵嘉善

——嘉善

嘉善县历史悠久，从魏塘镇台基村、小横港村和姚庄镇莲花泾村、丁栅镇张安村等地的新石器时代遗址中出土的文物证明，早在 6000 多年前，境内已有从事水稻栽种、猪狗饲养、渔猎及制陶等生产劳作的人类活动。嘉善地处太湖流域杭嘉湖平原，位于浙江省东北部、江浙沪三地交会处，东邻上海，西依杭州，北靠苏州，南临乍浦港，是国务院批准的首批对外开放的县（市）之一，素有"接轨上海第一站"之美称。

俗话说："一方水土养一方人。"生活在吴侬软语地区的嘉善人崇尚简单朴素而自然的生活，小桥流水，古弄人家，随处可见吴越文化特有的积淀：水文化、桥文化、瓦当文化、酒文化、船文化。正因为这样的环境，嘉善人在饮食方面偏爱酸甜的食物。总体而言，嘉善人饮食追求的是平淡、谦和、清静。嘉善特产丰饶，有善酿黄酒、八珍糕、荷叶粉蒸肉、六月红河蟹、水豆腐、青团子、立夏塌饼、馄饨鸭、狮子球、面筋汤等。

嘉善食俗

嘉善城乡民众以大米为主食，过年时农家会吃笋干烧大肉，寓意节节高。正月十五元宵节又称上元节，晚上吃汤圆，也称吃元宵。正月末做野菜馅团子，清明节做青团，立夏日当地盛行吃立夏塌饼，烧野米饭，并且有称重之俗。端午节则裹粽子，品"五黄"（即黄瓜、黄鱼、黄鳝、雄黄酒、黄泥蛋），还有赛龙舟等活动。农历六月初六被称为晒衣节，俗语云："六月六，晒得鸭蛋熟。"中秋则有吃月饼赏月和吃南瓜之习俗。重阳日有登高、吃米粉所做重阳糕的习俗，在农村，有吃赤豆粢饭团之俗。冬至日吃赤豆糯米饭，除夕则做团子与米糕等，年夜饭需有鱼、肉圆、粉丝、塌棵菜和暖锅：鱼寓意年年有余，肉圆象征团团圆圆，粉丝比喻长寿，塌棵菜象征多子多孙，暖锅则祈盼来年日子红红火火、热热闹闹。

过去，乡里特色家常菜以腌制品、臭卤制品为主，大头菜、雪里蕻畅销至今。面筋类菜肴在麦收之后也受欢迎，盛夏时节多做霉干菜烧肉。当地有饮茶之风，乡间有酿制糯米酒的习惯，名曰"三白"。每年冬季，家家户户酿酒。酿制于农历十月的三白酒质地上乘，称为"桂花黄"，酒色青绿透亮，春季所酿名为"菜花黄"。三白酒味道甘美，深受当地民众喜爱。

嘉善特色美食

❶ 荷叶粉蒸肉

荷叶粉蒸肉是西塘古镇特色传统名菜，历史悠久，一菜一味。此菜风味独特，具有三大特点：一香，香得纯正；二酥，酥而不烂；三肥，肥而不腻。

此菜名扬江浙一带，受到国内外游客的一致好评。粉蒸肉是嘉善的特产，用荷叶包裹成"嘉兴粽子"的形状，入口清香，油而不腻，肉质酥烂，肥而不腻，荷叶香味浓郁。

❷ 荠菜包圆

荠菜包圆是西塘农家在开春时节尝鲜的首选菜肴。此菜的特色是色泽金黄，清香四溢，一口下去，汤汁鲜纯，齿颊留香，另外可选当地的米醋蘸着吃，味更佳，是一道老少皆宜、营养丰富，又充满乡野情趣的农家特色菜。

❸ 汾湖蟹

汾湖蟹是产于嘉善境内汾湖和附近水域的一种高档水产品。它的蟹壳呈青灰色，脐部饱满、雪白，蟹脚坚硬结实，最特别的是两只螯（俗称大钳）有大小，右边大，左边小。

汾湖蟹生活在汾湖里。汾湖湖水清澈，湖边芦苇根连根，养料丰富，适合螃蟹生长。汾湖蟹两须赤紫，蟹大螯小，色分红绿，蟹中独异。红者长细毛，绿者较光洁；其鳃均为紫色，故又名"紫须蟹"。持蟹饮酒赏菊，历来是文人们称颂的雅事。汾湖蟹富含蛋白质、多种维生素和矿物质，营养价值极高，而且膏肥肉香，肉质紧实，味道鲜美，是蟹中上品。

❹ 枣香肉

枣香肉起源于稻草扎肉，混合了稻草清香的红烧肉别有一番滋味。嘉善大云一带的居民将稻草改良为红枣，深得当地及周边民众喜爱。淡淡的枣香味配上滑滑的猪肉，皮薄肉嫩，色泽红亮，汁浓味醇，酥烂形不碎，入口即化。

❺ 套肠

嘉善农村每到过年时节，都有杀年猪的习俗，节俭的村民用不舍丢弃的猪小肠做成套肠。长长的小肠层层叠叠，被做成紧实的圆圈，寓意团团圆圆，成了过年时象征团圆的菜肴，非常应景。

❻ 清蒸白水鱼

白水鱼又名"银刀"。相传当年曾有渔民带人与南下清兵在汾湖一带激战，多次攻入敌军阵地。不料，张某在湖上与清兵作战时，因手臂中箭，手中大刀掉入湖中。他忍住剧痛，弯腰从湖中拾起一把银刀，向清兵杀去，清兵被他的神勇给镇住了，纷纷逃离。此时，张某再一瞧手中，原来是一条银光闪烁的白鱼，"银刀"之名由此而来。白水鱼经宰杀处理后，在表皮剖上花刀，加入盐、菜油、胡椒粉、葱姜汁、味精、料酒，上笼蒸熟后取出，放上葱姜丝与红椒丝，浇热油，成品肉质鲜嫩，香味扑鼻而来。

❼ 西塘芡实糕

芡实糕有嚼劲，带有一股桂花清香味。花粉蜂蜜芡实糕带着一股非常独特的香味，做工非常考究，口感细腻，口味独特。水乡古镇都有这一类芡实糕。

❽ 西塘八珍糕

八珍糕是一种夏令防病食品，因糕内有八味中药而得名，产自嘉善县西塘镇。原西塘钟介福药店是百年老店，其所产八珍糕是创始人钟稻荪在1885年参考明代陈实功所著《外科正宗》内八仙糕处方，结合临床经验，应用本地优质糯米和八味中药研制而成。八珍糕口感香甜松脆，蕴药理于食疗之中，食之无药味，既是药物，又是糕点佳品，是嘉善特色药膳名点，深受当地百姓喜爱。目前，西塘八珍糕制作技艺被列入第三批浙江省非物质文化遗产名录。

嘉善传统特色菜肴还有砂锅馄饨鸭、炒鳝糊、炒蟹粉、银鱼炒蛋、干贝西瓜童子鸡、嘉善白饼、杏仁饼及小笼肉包等。

嘉善风土物产

❶ 嘉善黄酒

嘉善黄酒是中华民族历史最悠久、最古老的酒种之一，也是中华民族特有的酒种。历史上，黄酒名品数不胜数。它与啤酒、葡萄酒并称世界三大古酒，迄今已有 5000 年的悠久历史，是中华民族的瑰宝。嘉善的酿造业在明清时代已非常发达。嘉善黄酒以糯米做原料，加陈年黄酒，于冬季采用传统配方和工艺酿造而成。酒液澄黄、透明，有光泽，醇香浓郁，味甘、醇厚、柔和，属半甜型黄酒，内含 18 种氨基酸，营养丰富，是大众喜爱的低度酒类，适于筵席、宴会等场合，是地理标志保护产品和证明商标。

❷ 嘉善淡水捕捞渔俗

嘉善丁栅有着丰富的淡水鱼资源，历史上世代相传多种多样的淡水捕捞技艺。

当地有 41 种淡水鱼捕捞方法，即张簖捕捞、横帘捕鱼、虾簖头捕虾、丝网捕鱼、牵塘网捕鱼、百脚笼捕鱼、过江笼子捕鱼、钓钩捕鱼、牵网捕蟹、拖网捕虾和蟹、桥洞捕鱼虾、蟹罾捕蟹、环网捕蚕白虾、抄网捕虾和鱼、夹网捕鱼、箍索罩鱼、扳罾捕鱼、打甲鱼、钓甲鱼、张珠网捕鳗鲡和虾、塌张网捕捞、幔绣捕捞、刮金板（扒网）、引鲤鱼、抄虾松捕鱼虾、江网捕鱼、经钩捕鱼、拉滚钓捕鱼、蟮笼捕黄鳝、虾笼捕虾、箍网捕鱼、赶网捕捞、蹚网捕捞、鱼窠捕鱼、鱼叉捕黑鱼、竹筒和瓦筒捕蟹、撒网捕鱼、拖网捕银鱼、张小篮捕鱼、汽油灯叉菜花鱼、敲脚桶捕鱼。由于生产方式的改变，野生鱼不断减少，许多淡水鱼捕捞技术没有传承下来，现只剩抄网捕虾、丝网捕鱼、张簖捕捞、钓钩捕鱼、百脚笼捕鱼、扒蚬子螺蛳、抄虾松捕鱼虾、内塘牵塘网等。嘉善淡水捕捞渔俗被列入第三批嘉兴市非物质文化遗产名录。

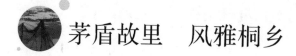

茅盾故里　风雅桐乡

——桐乡

桐乡市地处浙北杭嘉湖平原腹地，居上海、杭州、苏州"金三角"中心，区位优势明显，为中华文明版图上的富庶之地，也是一方充满传奇色彩的土地。因古时遍栽梧桐树，寓意"梧桐之乡"而得名。桐乡地势平坦，河网密布，江河湖交汇，四季分明，环境优美，素有"鱼米之乡，丝绸之府，百花地面，文化之邦"的美誉。桐乡历史悠久，文化底蕴深厚，一脉书香的人文底蕴，为桐乡传承了风雅基因。7000年前，这里就是江南文明孕育萌发之地，马家浜文化、良渚文化、运河文化在此交相辉映，造就了乌镇、濮院、崇福、石门四大千年古镇，也孕育和走出了茅盾、丰子恺、钱君陶、木心等众多名人巨匠。

桐乡食俗

农历正月初一为春节，是一年中最为隆重的传统节日，前一夜为"大年夜"，合家团圆吃"年夜饭"。在桐乡乌镇，清明前一晚即"清明夜"时，做青团，裹粽子，煮螺蛳。以针挑食螺蛳肉，名"挑青"。

立夏为二十四节气之一，是日尝蚕豆，食咸蛋，啖青梅，品樱桃，谓之"尝新"。农家以麦芽、南苜蓿和糯米粉做成"立夏饼"，亲友间互赠。孩童则三五邀约，提竹筒，摘蚕豆，化咸肉，拾野柴，集百家之米，户外垒灶支锅烧"野火饭"，以防疰夏。关于立夏，《清嘉录》记载，"立夏日，家设樱桃、青梅、裸麦，供神享先，名曰'立夏见三新'"。杭嘉湖一带民间立夏有"见三鲜、尝三鲜"的习俗，由于立夏之时新物种类多样，三鲜的说法也各有不同。一说三鲜是黄鱼、鲥鱼和海蛳，一说三鲜为蚕豆、黄瓜和苋菜，也有说三鲜为樱桃、梅子和枇杷的，后来民众创造性地将其总结为海三鲜、陆三鲜和空三鲜，分别对应江海物产、陆地物产以及半空中的水果物产。

农历五月初五为端午节，家家户户裹粽子，亲友互相馈赠，食黄鱼，饮雄黄酒。农历八月十五为中秋节，家人欢聚一堂，亲友间互赠节日礼物，月饼为不可缺少之物。农历九月初九为重阳节，也被称为重九节或登高节。在桐乡乌镇，由于周边无山，常以登塔代替登高，当日有重阳糕出售，重阳糕由赤豆和糯米制作而成，上面插有小旗，以食糕代替登高，插旗代替插茱萸。

冬至称为"冬节"或"亚岁"。冬至节前，家家制作"冬节圆子"，还有舂年糕等习俗。除夕之夜的一顿年夜饭，是桐乡人最为看重的。吃年夜饭也有许多讲究，对桐乡人来说，肉圆、蛋饺是必不可少的。肉圆象征团圆，蛋饺寓意招财进宝。这天吃的每一道菜，都有讨口彩的叫法，图个吉利。比如：菠菜因为梗长，所以叫作"长庚菜"；青菜色绿，所以又叫作"安乐菜"；黄豆芽因形状像如意，所以叫作"如意菜"；火锅会边烧边吃，热气腾腾象征家道兴旺发达；饭里须预埋荸荠，吃饭时用筷子挑出来，叫作"掘元宝"；一般不将鱼吃光，叫作"年年有鱼（余）"……

此外，在嘉兴蚕乡，还有六碗家常菜传承已久。第一碗白鲞红炖天堂肉，烧制方便，是养蚕播种时的寻常好菜，只需把一段鲞放于肉上，再放进饭锅蒸熟即可，省时省柴。第二碗油煎鱼儿扑鼻香。水乡河荡多，几乎家家会捕鱼虾，油煎鱼儿加上葱姜等作料即可。第三碗香菌蘑菇炖豆腐。蚕乡嫩豆腐佐以盐和香菇，可蒸可凉拌。第四碗白菜香干炒千张。这种千张皮子豆腐干，蚕乡人可做出多种吃法。如加上木耳、黄花菜、胡萝卜丝、黄豆芽等素菜，可拼成八宝菜。黄豆芽弯弯似如意，又称为如意菜，春节时不可缺少。第五碗酱烧胡桃浓又浓，是专为蚕娘们制作的营养菜。蚕乡妇女养蚕时日夜辛苦，选用胡桃来进补，夏天不易坏，制作也简便。第六碗酱油花椒卤花生，是可以下酒下饭的常用菜。

桐乡特色美食

美食文化之于桐乡人民，是深植于血脉中的朴素情感，这里不仅有令人难忘的名小吃，更有十大特色菜。

桐乡十大名小吃有芽麦塌饼、满桃片和一口酥、油墩、冬笋鲜肉烧卖、干汁小青蟹面、姑嫂饼、金镶玉嵌、桂花年糕、阿炎羊肉面、阿能面。

桐乡十大特色菜有红烧小羊肉、红烧鱼头、东方老鲜、卤味、红烧老鹅、稻草鸭、桐乡特色煲、韭菜炒蚕蛹、富贵喜蛋、酒糟鱼。

❶ 芽麦塌饼

芽麦塌饼是每年清明前家家户户都要做的乡土美食。在有着"清明轧蚕花"传统习俗的含山，蚕农们为来年养蚕丰收祈福，因此，芽麦塌饼也有着蚕花饼的别称。刚做好的芽麦塌饼，草香混合芝麻香扑鼻而来，外焦里嫩，糯香四溢。

❷ 腊八粥

腊月初八这天，全家一定要喝腊八粥。吃一碗热气腾腾的腊八粥，暖心暖胃，预示来年凡事顺利。腊八粥在很久以前是用红小豆、糯米煮成的，后来食材逐渐增多，用糯米、红豆、枣子、栗子、花生、白果、莲子、百合等煮成甜粥，也有加入桂圆、蜜饯等同煮的。

❸ 腌腊肉

一到腊月，桐乡婆婆就开始准备腌腊肉了，去市场选肉、调料、腌制、风干，每一样都是亲自动手。这样腌制出来的腊肉透明鲜亮，黄里透红，吃起来肥不腻口，瘦不塞牙。虽然现在到处都有卖，但老桐乡人还是喜欢自己做腊肉。

❹ 姑嫂饼

姑嫂饼是桐乡乌镇的传统名点，据《乌青镇志》记载，距今已有100多年的历史。姑嫂饼的形状酷似棋子饼，比棋子饼略大。它所用的配料跟酥糖相仿，有面粉、白糖、芝麻、猪油等，但味道比酥糖可口，且有"油而不腻，酥而不散，既香又糯，甜中带咸"的特点。"姑嫂一条心，巧做小酥饼。白糖加椒盐，又糯又香甜。"这是赞美桐乡姑嫂饼的一首民谣。

❺ 满桃片和一口酥

满桃片，扁形纤薄。把一格新鲜出炉的满桃片，均匀地切片，就能看到它像扇子一样缓缓展开，中间夹着的饱满新鲜的大核桃肉，清晰可见。

一口酥，个小，酥松，甜咸适口，鲜美异常，一直享有盛誉，被誉为"袖珍点心"。

❻ 金镶玉嵌

金镶玉嵌也被称为"蜜糖糕"，其上下两块用土方法做的鸡蛋糕，好似两块灿灿的黄金，中间夹着的洁白晶莹的蜜糖糕如同润洁的玉，金与玉相得益彰，美妙无比。

❼ 油墩

相传，乾隆帝下江南之时，吃到了由寺庙烧火和尚用糯米粉和豆沙制作的糕点，赞不绝口，由于所食之物如同大殿中菩萨香案前的蒲墩，于是笑言："此物很像油氽的蒲墩，叫作油墩吧。"油墩外脆里糯，咸香诱人，是桐乡百姓喜爱的民间美食。

❽ 桂花年糕

桂花村乃桐乡石门的一个百年古村落，桂花村村民有着祖传的打年糕技术，聪明的桂花村村民将年糕与桂花巧妙结合，做成了美味的小吃——桂花年糕，其甜而不腻，糯而不黏，芳香四溢。

❾ 富贵喜蛋

喜蛋是桐乡当地传统菜肴，把土鸡蛋煮熟，一剖为二，另一半用肉末捏成半球粘在蛋上，称为"合双喜"，也叫"鸳鸯蛋"。富贵喜蛋结合传统做法，肉蛋搭配，色泽红亮，口味醇厚。叠成锥状的喜蛋，色泽搭配和谐，浓浓喜味溢上心头。

❿ 酒糟鱼

桐乡人将自酿米酒渗入鱼肉，鱼肉呈枣木红，其色泽具有沉醉之美，酒香四溢。制作酒糟鱼要先将鱼洗净，腌制数天后取出，晾至半干，放进酿好的米酒坛子里封起来，待十余日后，可蒸可煮。酒糟与鱼同沸腾，烹煮完毕的鱼肉爽滑细腻、余香持久。鱼肉搭配有些时日的酒糟，充满了岁月积淀的味道，令人陶醉。

⓫ 冬笋鲜肉烧卖

烧卖乃桐乡民众早餐标配之一。一个个蒸笼层层叠叠，冒着热气。掀开盖子，不封口的花蕊状烧卖，吹弹可破。薄透的皮下隐约可见肉馅和嫩黄的冬笋丁。冬笋上市时节的烧卖，最是鲜美。

⑫ 阿炎羊肉面

古语云："朔风起，羊肉香。"羊肉既能御风寒，也能补身体，是冬令时节的必备品。阿炎羊肉面别具一格，其吃法也别具一格，吃的时候可将面条覆于羊肉之上，这样，羊肉的香味便会慢慢渗透至面条中，面条既软润也富有弹性，羊肉酥香肥嫩，红烧的酱香配之以适度的甜味，极其入味。

⑬ 阿能面

阿能是桐乡人眼中好吃面条的代名词，面条筋道柔韧，厨师对火候的精巧把握，决定了汤的浓稠程度和浇头入口的感觉。

⑭ 红烧羊肉

桐乡是湖羊的主要产地，用湖羊肉做原料烧制的红烧羊肉是桐乡一带的传统菜肴，尤其以濮院、乌镇所烧制的最为出色。

桐乡红烧羊肉选料讲究，选取当年"花窠羊"（即青年湖羊）为原料。此类羊的肉具有肉嫩脂肪少、皮细洁多膏的特点。作料一般有萝卜、酱油、黄酒、红枣、冰糖、老姜等，需要先后用大火、文火烧煮，烧制者能否灵活掌握火候至为关键。

⑮ 东方老鲜

关于东方老鲜流传着一个故事。相传清代徽州府的一个老汉，某日傍晚赶着羊群过独木桥回村庄，一不留神，一只羊掉进了激流的河中，引得许多鳜鱼争食羊肉。一个渔夫摇橹经过，见此景便撒下一网，渔夫不舍扔弃鱼肚内的羊肉末，便一起混煮。成品具有肉松鱼酥、不腥不腻、汤浓味美、香飘久远的特点。

相传，乾隆皇帝下江南之时，指定要品尝这道菜，于是便有"鸟闻香化凤，鱼知味变龙"的名句，清代名菜"鱼咬羊"由此而来。此道名菜在桐乡得以传承改良，以本地鳜鱼和秘方精心烹制，富含维生素、微量元素，不仅色香味俱佳，且营养丰富，上菜过程中的"启封"也极富仪式感。

⑯ 稻草鸭

稻草鸭是桐乡的传统名菜，整只鸭肉酥骨烂，形状能够保持完好不变。稻草烟熏之物香味独特，极具新意。用稻草所熏制的鸭子，鸭肉中渗入稻草清香，田野的气息扑面而来。外焦里嫩的鸭肉伴随灼热和浓香，令人难以忘怀。

⑰ 桐乡特色煲

桐乡煲是桐乡自创美食，具有麻辣鲜香的独特口味，深受人们喜爱。桐乡煲具有许多种类，比如人们熟知的老鸭煲、黑鱼煲、土鸡煲以及牛蛙煲等。桐乡煲通常事先煮制，上桌后即可食用。

⑱ 红烧鱼头

鱼头营养丰富、口味好，桐乡人改良了红烧鱼头这一传统名吃，在锅中放入牛蒡、姜片，适量的鱼块与香菇，倒入事先做好的煮汁，煮制过程中可将煮汁用汤勺舀起，边煮边淋于鱼块之上，起到上色与入味的作用。桐乡的红烧鱼头在煮制过程中还会加入少量葱、盐、鸡精、白糖、烧酒、辣酱等，装盘前放入少量笋片、蘑菇片点缀，如此，红烧鱼头便具有光泽鲜亮、味道鲜美、鱼香四溢和回味无穷之特点。

桐乡乌镇的菜肴也有着鲜明的地域特色。如湖羊宴，由羊肉盖浇面、脆果羊贝、卤炝羊腰、脱脂羊肉、运河双宝、原汁羊肝、椒盐梅花掌、三白羊肝、膏汤羊杂烩、冷切羊羔、剁椒如意、酱羊肉、白汤羊肉等所构成。乌镇民间丰盛的宴席主要有八冷盘、八大菜、四点心、四水果、二十四热炒、一暖锅，暖锅为最后一道大菜，一般是紫铜暖锅，这也是乌镇长街宴里的必备大菜，也是年夜饭、年酒及招待贵宾时的必备菜品，以"三鲜暖锅"为主。

乌镇的传统菜肴中，还有鸳鸯喜蛋、盅子蛋球、走油蹄、文武雁球（也称状元球，由"状元狮子头"改良而来）、全家福（又名炒三鲜或炒什锦）、炒鳝糊、五香炒仔鸡、菜泡饭及沈家细圆（新鲜青菜切细煸炒后与糯米粉做成的圆子同煮而成）。

桐乡风土物产

❶ 高桥糕点

高桥糕是桐乡著名的传统糕点，主要有满桃片、椒桃片、小桃片、麻片糕等，其中最有名的是满桃片。满桃片由于原料优质，做工精良，味美可口，深受人们青睐。为了有别于其他产品，人们把高桥沈家生产的米粉系列糕点统称为"高桥糕"。高桥糕点制作技艺为嘉兴市非物质文化遗产。

❷ 酱卤制作技艺

大约在清道光年间，当地酱卤制品逐步形成了自己独特的加工工艺、制作技艺和优选配方，留下了充满神秘色彩的传说和神奇老汤。《桐乡县志》云："酱鸡名许鸡，出青镇，以其姓得其名也，今著名者为三珍斋。"当地的酱卤制品不但色泽红亮、肉嫩味鲜、酥香不腻，令人回味无穷，而且具有"六月不馊、腊月不冻"的特点，保质期较长，深受大家的喜爱，是节日馈赠的上佳之选。

❸ 三白酒

农家自酿自喝的酒名为三白酒，是用蒸好的纯糯米饭加酒药发酵而成的。春天所酿称作菜花黄，不宜久存；农历十月所酿称为桂花黄，品质极佳，酒色青绿、装坛密封后可存数年不变质。农家深秋后所酿三白酒主要供过年所用。

❹ 杭白菊

十里菊花香雪海。桐乡素有杭白菊之乡的美誉，桐乡栽菊历史较《本草纲目拾遗》成书早百余年，而杭白菊则是饮用菊中的上佳之品，具有清热解渴、润喉生津、平肝明目之功效，饮用时还能兼顾观赏之雅兴，历史上曾有"龙井名茶、杭白贡菊"之盛名。

❺ 桃园槜李

每年清明前夕，千亩槜李万花齐放，整个村庄沉浸在雪白花海之中，引得众多游人观赏休闲。在桐乡桃园村，游客能在体验采摘槜李乐趣之时，领略江南乡村质朴醇厚的民风民俗，品尝农家美味，享受世外桃源般的生活。

❻ 乌镇香市

"香市"是江南一带特有的民间民俗活动，在桐乡乌镇流传已久。乌镇农家以种桑养蚕为生，每年清明至谷雨时节，四邻八乡的农民趁着农闲齐聚镇上，去寺庙烧香祈求蚕桑丰收，世世代代相沿成俗，于是就有了乌镇香市。香市期间的民俗活动丰富多彩，表现了江南水乡浓郁的传统民俗和风情。蚕花会是最普通和最重要的活动。除了蚕花会以外，还有水乡婚礼、踏白船、水龙会、丝竹船、拳船等民俗活动。

❼ 桐乡蚕歌

蚕歌流传于蚕乡，与田歌、渔歌、采茶歌一样，是人们在艰苦的劳动中寻求慰藉、抒发情感的民间歌谣。桐乡是全国知名的蚕桑之乡，这里的农村差不多家家栽桑，户户养蚕。蚕歌表现了桐乡历代蚕农的生活和思想情感。桐乡蚕歌积淀了广大蚕农的生产和生活智慧，表现了蚕事民俗，具有较高的民俗价值和审美价值。桐乡蚕歌歌咏的对象与蚕农的生产、生活密切相关。桐乡蚕歌有桑歌、蚕歌、丝歌三种，为浙江省非物质文化遗产。

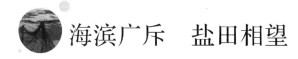

海滨广斥　盐田相望

——海盐

　　海盐县位于浙江省北部杭嘉湖平原，东濒杭州湾，西南接海宁市，北连平湖市、嘉兴市南湖区和秀洲区。海盐是马家浜文化、崧泽文化以及良渚文化发祥地之一，早在6000多年前，海盐县境内已有先民从事农牧渔猎活动。秦王嬴政二十五年（公元前222年）置县，是浙江最早建县的城市之一，因"海滨广斥，盐田相望"（出自《太平寰宇记》）而得名。

　　海盐临江靠海，县域自然条件优越，境内河网交叉，平坦的地势造就了肥沃的土地，宜人的气候特点带来了丰富的物产，海盐也因此具有"鱼米之乡，丝绸之府，文化之邦"之美誉。因海、因盐、因田得名的海盐，饮食风格也具有自身的特色。

海盐食俗

　　城乡居民历来以大米为主食，以面食为辅。旧时，每到收获的季节，农家有尝新的习俗，例如，小麦收获时，有做麦糕和面疙瘩的习俗，当新谷登场时，有尝新米饭的习惯，到糯米收获后，则做糯米圆子、甜酒酿等品尝。

旧时城乡居民有伏天制酱和制作霉干菜的习惯。家里备有臭卤甏，家常有臭豆腐干、臭豆腐、臭南瓜、臭毛豆、臭菜头等，还腌制各种蔬菜，春腌水花菜、大头菜等。婚嫁宴请，每桌8—12人，有冷盘、热炒、点心、甜羹及五大菜，每桌有16盘以上。

点心有糯米年糕、粽子、团子、圆子、包子、馄饨、绿豆南瓜、赤豆糯米饭等。特别是糯米年糕，农家在春节前普遍打制。打成的年糕浸入腊水（即立春前的水），经久不变质，可食一两个月。

❶ 饮茶、饮酒习俗

饮茶习俗最早只在士人中风行，清乾隆年间普及民间。农民喜饮红茶，城镇居民爱饮绿茶。一些老人嗜茶成癖。城乡遍设茶肆，天微明，茶肆已热闹非凡，茶客品茗闲谈，互通信息。茶肆有早、中、夜市。城镇茶肆亦是农家出售农副产品后歇脚休息的场所。城乡居民有"客来先敬茶"的习尚。

❷ 饮酒

农民喜饮白酒，城镇居民饮黄酒、白酒均较普遍。农民在春节前喜自酿糯米白酒，曰"酒酿"，亦称"杜做酒"，味甘美可口。除夕夜，合家团聚，饭前先饮酒，欢度佳节。婚嫁喜庆，亲友聚会，备酒款待，以示礼遇。旧时铁匠、泥工、搬运工、渔民、船工嗜白酒者颇多。近年来城乡盛行饮啤酒、葡萄酒和各类瓶酒，一些名酒和补酒也作为礼品馈赠亲友。

海盐特色美食

❶ 酥羊大面

20世纪50年代初期，海盐武原、沈荡两镇面饭馆的酥羊大面保持着固有特色，尤以沈荡镇"施聚兴"的酥羊大面为佳。该店的羊肉用料考究，多取自腌过的山羊腰肌，将其切成等大的肉块，以洁净草绳捆绑之，逐块放置于瓮缸（亦叫蒸缸）里，一层羊肉一层作料，以生姜、红枣、红糖、料酒、白酱油等为作料，以柴火烹饪，待缸中水沸改用炭节以文火慢煨一夜，次日，酥而不烂、味香可口的羊肉便出现在早市上，让人回味。

❷ 澉浦红烧羊肉

澉浦红烧羊肉是海盐的一道名菜，是海盐民众逢年过节最常吃的一道菜。数百年来，澉浦红烧羊肉一直被作为当地宴请，逢年过节待客的主要大菜，羊肉被烹调得极为入味，其因具有色泽红亮、香味浓郁、酥而不烂、油而不腻的特点，享誉杭嘉湖。

澉浦红烧羊肉取材自海盐当地的湖羊肉。"药补不如食补""冬至进补，立春打虎"是海盐民间的俗语，羊肉则是冬令时节的进补佳品。秋冬时节，当地有吃羊肉早烧的习俗。每天清晨，古镇澉浦的街头巷尾都能够闻到一阵阵羊肉的香气。早在 20 世纪 30 年代澉浦羊肉便已驰名沪上，时至今日，澉浦红烧羊肉仍能勾起一些老上海的美食记忆。

❸ 南北湖醋烧鱼

海盐拥有浙北最长的海岸线。古时，这里渔业资源丰富，以出海捕鱼为生的渔民结合自己的用餐特点，在烧鱼汤的过程中加入白醋，这一做法既能够延长汤的存放时间，也让鱼汤变得更为开胃、美味。

该菜取用南北湖中的生态有机鱼，先将鱼肉炖成奶白色的汤汁。出锅之前，放入白醋和韭芽段。制作完毕的菜肴不仅汤汁开胃爽口，韭芽的香味伴随鱼肉的鲜美，也别有一番滋味。

❹ 南北湖盐炒肉

南北湖盐炒肉是海盐澉浦一带流传久远的民间特色菜。历史上，海盐曾以煮晒食盐闻名，也因"海滨广斥，盐田相望"而得名。晋代与江苏盐城并称为南北两大盐都。后来，由于海域变迁、滩涂萎缩、海水淡化等，海盐于20世纪80年代初停止产盐。古时产盐期间，因食盐受官方管制，为官盐，故盐民生活比内陆村民略宽裕。盐民们早出晚归，风吹日晒，辛勤劳作。由于猪肉放久容易变味，故盐民们隔段时间才能吃上新鲜肉。因之，聪明的南北湖盐民们尝试用自己晒制的盐炒猪肉块，出乎意料的是，盐的作用令猪肉可以放置更久，味道也更香醇，不仅如此，其还有去油腻、下饭的功效。此后，盐炒肉在盐民中极受欢迎，做法也得到传播。这道菜慢慢出现在节日待客的场合里。

❺ 面焗黄夹蟹

黄夹蟹又名沙虎，是海盐特产。传说其形状曾如手掌大小，可以指挥潮水涨落，又名招潮。唐代刘恂有云："招潮子，亦蟛蜞之属。壳带白色。海畔多潮，潮欲来，皆出坎举螯如望，故俗呼招潮也。"传说中，霸道的沙虎因常偷吃农家稻谷，被忠于主人的老牛看到后，气急之下抬蹄往其背上踩，自此，昼伏夜出的沙虎由于运动过少，身体缩小，外壳变薄，身体边缘和蟹钳变为土黄色，故又被称为黄夹蟹。黄夹蟹可采用酒糟、清蒸或炒年糕的做法，海盐当地还对民间面焗法进行改良，制作出鲜甜相宜、唇齿留香的面焗黄夹蟹。

❻ 千亩荡双鲜合蒸

该菜取材自千亩荡的白条鱼和螺蛳。将两种原料结合，搭配火腿，采取蒸制的方法，使得这道菜肴具有鲜明的地方特色，鲜上加鲜的口感令人回味无穷。

❼ 松子糕

又名"松仁燥片糕"，首创于县城姜万源茶食店，至今已有百余年历史。松子糕用料取自米粉、松仁、白糖、食油及饴糖等。经过炒米、打粉、落糖、擦粉、蒸糕胚、烘焙等 11 道工序精细制作而成的松子糕，色泽黄白，甜度适中，口感松香，富有营养，能够增进食欲，因此久负声誉。松子糕以其谐音"送子高"之好口彩，在旧时，常常作为馈赠用的礼品，用于孩子升学、学艺之时。

此外，南北湖毛笋咸肉、海盐天宝等菜肴都是海盐独有的特色菜肴，体现出当地物产丰富，食物取材广泛以及烹法多样的特点。

海盐风土物产

近年来，海盐当地特产、蔬菜、水果生产企业产出的优良品种屡见不鲜，丰富的物产屡获各类认证。比如，海盐大头菜、"秦万"芦荟系列、"黄沙坞"柑橘、"纯元"葡萄系列、"横港"蜜梨、"鹰窠顶"茶叶、"尼松"野鸭、"膳博士"猪肉、枣蜜桃及鳗苗、蟹苗等特色捕捞品种等，不仅给海盐带来了浙江省首批农产品质量安全放心县的称号，也带来了农业增效、农民增收的效果。

❶ 海盐大头菜

大头菜是海盐县特产，获地理标志证明商标。大头菜又名芜菁、芥菜，是根用芥菜，主要用作传统腌菜和加工蔬菜的原料。腌制大头菜的过程尤其精细，调料与主料用量要精准，腌制过后的大头菜鲜香爽脆，别具风味，可烧汤，可炒菜，也可以生吃，可搭配多种花色的菜肴。大头菜生长于田垄乡野，所以也被称为"垄野大头菜"，取其谐音，得名"龙眼大头菜"。

❷ 海盐"一口茄"

"一口茄"是袖珍型珍稀蔬菜，外观是小型的紫茄子，在全国种植面积少，腌制为酱菜后，具有茄子皮更为爽口、茄子肉更为美嫩且富含营养等特点，口感令人回味。

❸ 黄沙坞蜜橘

宋时《澉水志》中曾记载："四围皆山，中间小堤，春时游人竞渡行乐。"这是对海盐南北湖的描摹。海盐南北湖盛产橘子，秋风起，片片黄色橘林便呈现在眼前。而拥有得天独厚地理位置的黄沙坞，则被誉为"浙北橘乡"，这里所产的柑橘色泽金黄，肉厚多汁，味美甘甜，俗称"本山蜜橘"。每到柑橘丰收的季节，星星点点的金黄色点缀于苍翠的青山间，夹杂着柑橘甜蜜的香味，给人带来绝妙的视觉、嗅觉与味觉的触动。

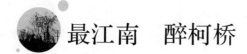 最江南　醉柯桥

——柯桥

　　绍兴柯桥区境处于浙西山地丘陵、浙东丘陵山地和浙北平原三大地貌单元的交接地带，以山地丘陵、丘陵盆地和河谷平原为主。柯桥区南靠会稽山，北濒海，故呈西南高、东北低的阶梯形地势，山脉、平原、海岸兼有。柯桥区境内河流源于南部会稽山，除小舜江、浦阳江外，均流经中部平原，北注曹娥江、入钱塘江。经历自然水系、鉴湖水系、运河水系的发展演变过程，现分属小舜江、运河、浦阳江三大水系，又以运河水系为主。

　　柯桥区地处亚热带季风气候区，空气湿润，日照充足，四季分明。王安石曾有"越山长青水长白，越人长家山水国"的诗句，赞绍兴"山常青，水常白"，气候湿润宜人。作为江南水乡，境内南部会稽山脉峰峦叠翠、千岩竞秀、溪涧溅珠，中部平原河湖密布、石桥参差、沃野千里，北部三江汇流、沧海桑田、一畴平展。

　　柯桥历史悠久。新石器时代，境内就有人类繁衍生息。绍兴是我国首批24座历史文化名城之一，是以历史文化和山水风光为特色的国内外著名旅游城市，有着深厚的文化底蕴。绍兴是著名的水乡、桥乡、酒乡、兰乡、书法之乡、名士之乡，因此就有了相应的桥文化、酒文化、兰文化，同时作为中国第二大剧种——越剧的故乡，也有着丰富多彩的戏剧文化。

柯桥食俗

　　柯桥人过年从腊月下半月即开始准备，掸尘，舂糕，裹粽，置办年货。大年三十吃年夜饭谓之"分岁"，席上十道菜，加"取意"之物，如年糕、藕脯、莼菇及粽子等。大年初一吃年糕、汤团。初二日，给亲朋拜年。农历正月十三日至十八日为"灯节"，十五日为"元宵"，吃元宵（汤团），迎灯，闹元宵。

　　清明节，出门踏青，吃艾饺。立夏称体重，吃蚕豆，饮烧酒。端午亦称端阳节，午餐吃"五黄"，即黄瓜、黄梅、黄鳝、黄鱼和雄黄酒，吃粽子，看赛龙舟。

　　农历八月十五中秋节，全家团聚吃月饼赏月。重阳则有登高、吃重阳糕之俗。冬至则有"冬至大如年"一说，磨粉为团，拌以芝麻，取名"麻团"。

柯桥特色美食

❶ 十碗头

　　"十碗头"是老绍兴的十道特色菜。过去，"十碗头"是民间喜庆、逢年过节宴席的一种形式，因其菜肴数量为十，并用碗盛菜，故名"十碗头"，每一碗都有正宗的绍兴味，寓意"十全十美，完完备备"。"十碗头"视宴客目的，有不同的内容、规格和类别，还需结合时令节气安排时令菜肴，可谓"百家百宴"。传统的十碗头有咸鲜合一的白鲞扣鸡、霉干菜扣肉及盐水河虾等。

❷ **安昌腊肠**

安昌腊肠制作技艺为绍兴市非物质文化遗产。腊肠俗称香肠，因在腊月晾制而称"腊肠"。每到冬令时节，古镇安昌的腊肠挂满民居廊檐窗前、沿街廊下，是岁末年夜饭必备之菜，意味"长久团圆"。

安昌腊肠制作相传起源于明嘉靖年间。清时，安昌镇上仕宦商贾聚集，对酒席上下酒之物颇为讲究。有人开始改进制作方法，辅以作料，香味尤甚。安昌腊肠以手工灌制而成，制作工序包括刮肠、选料、切丁、漂洗、腌渍、灌肠、晾晒等。其制作用料十分考究，均选用上等精肉（以后腿精肉为佳），肥瘦搭配，以当地绍兴酒、手工酱油、糖等为作料拌匀后灌入薄如蝉翼的猪小肠内，分段结扎后晾晒5—7天后即成。腊肠蒸熟后切片即可食用。熟后的腊肠色泽光润，瘦肉粒呈枣红色，脂肪雪白，条纹均匀，不含杂质。安昌腊肠切面香气浓郁，略带甜味，油而不腻，色味特殊，胜似火腿。

❸ **酱鸭**

酱鸭是江南地区的特色传统风味名菜之一。其因色泽黄黑而得名，具有香、鲜、酥、嫩的特点。每到年关，在安昌古镇，到处都悬挂着腊肠、酱排骨、酱鸭，它们透着亮，泛着油。这些酱货与腊味令人们陶醉于满满的年味里。

❹ **炸巧果**

巧果是柯桥的一道特色美食，但来历已经无从查证。中国的传统是在七夕吃"巧果"，以祈求慧心巧思。可是，绍兴却总在端午吃"巧果"。农历五月是小麦丰收的季节，端午恰逢此时，所以就流传下来端午做巧果、吃巧果的食俗。诸暨人称之为麦花。当地人关于端午的回忆，少不了这份烟火香气。

❺ **柯桥名小吃与名冷盘**

在"诗画浙江·百县千碗"评选活动中，评选出的柯桥区鉴湖食汇十大名小吃为麦糊烧、麻团、鲜虾脆网红米肠、凤凰流沙绿豆糕、嫦娥奔月、绍兴乌毡帽、糖煎饼、酒酿糍粑、黄酒布丁及桂花水晶糕。评选出的十佳冷盘则有江南熟醉蟹、柯桥小香干、虾油鸡、板栗鹅肝冻、佛门素烧鹅、老绍兴酥鱼、糟香四味拼、老绍兴鱼冻、飘香风腊鹅及桂花糯米藕。

柯桥风土物产

❶ 黄酒

黄酒是绍兴的著名特产，生产历史非常悠久。据文献记载，春秋战国时期绍兴酿酒业已很普遍。《吕氏春秋》载有越王勾践"投醪劳师"的故事，至今城内尚有"投醪河"遗址。到南北朝时，绍兴黄酒已成贡品。其用上等精白糯米作为主要原料，以优质黄皮小麦作为酒曲酿制。柯桥是风景迷人的江南水乡，境内河湖纵横，得天独厚的鉴湖水含有适于酿酒微生物繁育的矿物质，一到隆冬浮游生物下沉，水质尤为稳定、甘洌，硬度适中，最适宜酿酒，这是形成绍兴黄酒特色的关键所在。在酿酒过程中，增加酿酒用米的数量则称"加饭酒"。其中，香雪酒是当地黄酒之佳品，闻名遐迩，屡获奖项。

❷ 安昌腊月风情节

在柯桥的安昌古镇，每年的腊月，镇上都会举办腊月风情节。风情节开幕的这个时期，就是当地人备年货的时节，街上熙熙攘攘，人来人往，腊肠、酱鸭、酱鹌鹑挂在古镇老屋的廊檐下，一串串，一片片，琳琅满目，置身其中，可以感受到浓浓的江南民俗风情。

万年上山　诗画浦江

——浦江

　　浦江县位于浙江中部，金华市北部，人文底蕴深厚，素有"文化之邦""书画之乡""诗词之乡"等美誉。"仙华山、江南第一家、万年上山、书画之乡、水晶、巨峰葡萄"是浦江重要的文化地理标签。浦江历史文化源远流长，国家级文物保护单位、距今万年的上山文化遗址，是中国长江下游及东南沿海地区迄今发现的年代最早的新石器时代遗址，是世界稻作农业最早的起源地之一，也是中国农耕村落文化的源头。上山文化遗址中出土的彩陶是世界上最早的彩陶。杂交水稻之父袁隆平、考古界泰斗严文明分别题词"万年上山 世界稻源"和"远古中华第一村"。

　　浦江农业特色鲜明，大力发展绿色生态农业和休闲观光农业，现有葡萄、山地蔬菜、茶叶、桃形李、香榧等五大产值过亿元的农业产业。近年来，浦江深入践行"绿水青山就是金山银山"理念，成功创建全国首批生态文明建设示范县。浦江县已成功创建"全国休闲农业和乡村旅游示范县"，荣获"浙江旅游十佳发展县"及"浙江省全域旅游示范县"等称号。

浦江食俗

除夕与春节俗称"过年"，是一年中最隆重的传统节日。其节前后历时约一个月，故有"年忙月忙，十二月最忙"的谚语。农历十二月二十日前后，各家都要清洗打扫，开始做年糕，蒸火糕，做冻米糖（俗称切米胖），酿年酒，剪窗花，准备年货和缝制新衣。

除夕俗称"谢年"，是年节中的"大礼"，全家团坐吃"年夜饭"。除夕之夜，家家户户菜肴充盈桌面，以庆一年之终。菜肴多是地方风味，酒是家酿酒。席上必有鱼、肉丸和年糕，寓岁岁有余、完美无缺和年年高升之意。饭毕，家长给小孩分压岁钱，有的还泡糖茶、吃荸荠。

农历正月初一，早晨开门即鸣放鞭炮，谓之"开门见喜"。有些地方有在正月初一早上吃汤团、馄饨之类的习俗。初三开始去亲友家拜年，礼物宜"凑双"，原为白糖、藕粉、蛋糕、江米条（俗称糖枣）之类，给长辈的须有白糖或冰糖。招待拜年客，先上糖茶、鸡蛋、面条，再上冷盘和"三套头"（馒头焐肉、年糕、麦饼或馄饨粿粽）以及汤菜，饮酒用菜也有节制，桌上的鸡肉照例不动不吃。

元宵节即农历正月十五日，过了此节春节即告结束，故分外隆重而洋溢着喜庆气氛。元宵节晚饭很丰盛，必有"麦饼"，有的还吃汤团，取其团圆、圆满之意。炒黄豆、花生、瓜子，谓之"爆元宵"。

清明象征明洁，草木刚刚开始茂盛。民间习惯在这一天吃清明粿，粿有青色、白色，馅有甜咸两种。清明粿以野生的鼠曲草、大叶艾等舂细和入糯米粉或米粉，做成三角形、四角形或半月形炊制而成，象征犁头、稻桶，寓意春耕开始。

端午为农历五月初五，一般在门旁插菖蒲、家艾和紫苏，是日居民都吃粽子、茶叶蛋和绿豆糕，喝雄黄酒，有的会吃面饼（俗称麦叶）。

中秋为农历八月十五日，俗称"八月半"，人们在节前购备月饼等食品，互相赠送贺节。全家老少欢聚一堂吃团圆饭，酒菜丰盛，且必有鸡蛋。饭后上瓜果、月饼、桂花糖之类，以取团圆和美之意。

冬至，在农历十一月中，俗称"冬年"，冬至时居民吃糯米芝麻团子或米粿。

旧时，浦江有立夏日吃酸梅的风俗，农家劳动力吃由桂圆、荔枝、莲子、红枣、核桃配成的"五虎散"。夏至农家吃麦叶。重阳节吃粽子，称重阳粽。

浦江人素有辛勤劳作、崇尚俭朴、珍惜粮食的优良传统。旧时民间通行的宴席是"五样五食"，即除瓜子、花生等八个冷盘外，用五样点心配以四种汤菜，如馒头配焐肉、米粉粿配鸡肉粉丝、杨梅粿配箓笋、粽子配砂糖、小麦粿或馄饨配卤豆腐。较好的宴席为"八盘八碗"，质量优于"五样"，且多三种汤菜。上等宴席称"十二横签"和"十六横签"，又称"全席"。"十二横签"用十二个冷盘（火腿、排骨、鸡、鱼四个荤盘，新上市的四样水果，瓜子花生、糖果、糕饼等四盘），点心也用五种，讲究的还用"四点"（蛋糕、合酥、月酥、小麦粿或小笼包子），两盘甜食（八宝饭、莲子或蜜枣等），十碗汤菜菜肴档次差距颇大，汤菜中必须有馒头焐肉（有的用"扣肉"），最后四碗汤菜为佐饭菜。"十六横签"比"十二横签"档次要高。四个果盘为大水果如苹果、雪梨、桂圆、荔枝、福橘等，四盘糖果除瓜子、花生外，用核桃肉、杏仁、天冬、橘饼等，汤菜十六碗，除八宝饭、莲子之外加银耳、燕窝。最后一道点心各地有所不同，有的是杨梅粿，有的是小麦粿或馄饨，有的则是粽子。

自 20 世纪 80 年代以来，农村婚宴一般由八个冷盘，"四全"（鸡、鸭、鱼、肉，肉用蹄髈），五样点心五道羹（汤菜），或外加蟹和甲鱼组成。城镇宴席常比农村丰盛，设八个冷盘，十几道汤菜，包括"四全"、虾、甲鱼、蟹、黄鳝（或鳗）、甜羹、素菜（三道）、炸响铃等，穿插四道点心（杨梅粿、粽子、馒头、馄饨），至馄饨则为上齐。

浦江特色美食

❶ 一根面

一根面，又称长寿面，俗呼"麦绳"，是浦江县北部山区潘周家村人独创的麦粉食品，其以长、细、韧、滑且具养胃健脾等食疗功能而享誉四方。

❷ 浦江牛蹄煲

牛蹄含有丰富的胶原蛋白，不含胆固醇，具有强筋壮骨之功效。经过慢煮的牛蹄肉质可口，原味鲜香，质感润滑，别有风味，是当地民众用来进补的一道特色美食。

❸ 竹叶熏腿

竹叶熏腿是一种用竹叶熏制而成的火腿，起源于北宋年间。《浦江县志》《浦江风俗志》载：该地气候条件较好，腌肉腌腿，可酌减用盐量，使所腌之腿味淡甜；同时盛产毛竹，当地人民便以竹枝、竹叶当作燃料，将民间自腌之火腿悬挂于灶间，每日经受烟熏火烤，遂成名腿。竹叶熏腿精肉鲜红，皮肉略透明，香气浓郁，咸中带甜，传承了浦江和浙中一带民众生产、生活的原生形态。

❹ 麦饼

麦饼是浦江的特色小吃之一，是家家户户常做的美食。圆形的麦饼，寓意团团圆圆，馅和面和谐相处，表示和和美美，因此在元宵节和中秋节，浦

171

江有家人相聚吃麦饼的风俗习惯。浦江麦饼两面微微发黄，薄如纸，韧如皮，馅料丰富，有猪肉、南瓜、咸菜、青菜、豆腐，口味丰富，可咸可甜，是外地游客到浦江以后必尝之美食。

❺ 白切羊肉

白切羊肉，是浦江"十大碗"之一，其制作方法考究，将整只羊放入木桶里水煮几个小时，这种方法所煮羊肉肉质鲜嫩、口感清爽，依据食客需求，把不同部位切成小片，方便、美味，令人难忘。

❻ 擂头粿

擂头粿是本地人和外地游客都喜欢吃的美食，类似北方的驴打滚。将糯米搓成团后入水煮熟，在外面裹上黑芝麻等甜味作料，软糯香甜。擂头粿，作为浦江的传统小吃，过去往往只有中秋、冬至这样的时节才会制作、品尝。

❼ 米筛爬

米筛爬是一种面食，其外形奇特，将面团摘下一小块在米筛上按搓即可成型，据说最早是小孩子家顽皮时弄出的花样，而今已成为浦江的一道主食，米筛爬中，面团是主食，还可配以蔬菜和肉类一起烹煮进行调味。

❽ 牛清汤

浦江当地人将牛骨放入大锅里精心烹制，以牛血，辣椒，胡椒粉等进行调味，热气腾腾、香味扑鼻的牛清汤是秋冬季节的不可多得的美食。除了牛清汤，每到冬季，羊清汤肉质鲜美、益气补血、驱寒暖胃，也深受当地民众与游客的喜爱。

❾ 鸡蛋豆腐皮

浦江豆腐皮是浦江的传统名产，历史悠久，色泽晶莹光洁、薄如蝉翼。其以浦江"白豆"为原料，经过多道工序精制而成。鸡蛋豆腐皮是浦江当地一道家常美食，制作方法简单，炒鸡蛋加水后，放入金华火腿、浦江传统名产豆腐皮即制作完成，此菜不仅美味，且老少皆宜，价格亲民。

⑩ 灰汤粽

灰汤粽以稻草灰和糯米粉制作而成，"灰汤"所含的碳酸钾能够让粽子保存更长的时间。味道香甜软糯的灰汤粽，适宜蘸取红糖食用，令人回味无穷。久而久之，灰汤粽便成为当地的一道独特风味。

⑪ 三豆腐

三豆腐是浦江夏季的特色甜品，包含了木莲豆腐、柴籽豆腐及观音豆腐这三种独具当地特色的手工豆腐。木莲豆腐以木莲为主要原料制作而成，色彩如冰玉，口感清润凉爽；柴籽豆腐以柴籽粉制作而成，具有清凉解暑之功效，深受当地人喜爱；观音豆腐是浦江古老的夏季饮品。以观音柴叶的汁水融入草木灰的汤汁，可以冻结为观音豆腐。浦江观音豆腐晶莹剔透，色如墨玉，细腻爽滑，甘甜软嫩，散发山野清香。三豆腐可以合为一碗，也可单独享用，是不可多得的夏季甜食。

浦江风土物产

❶ 浦江豆腐皮制作技艺

"琼浆百沸出金衣，薄如蝉翼韧如筋。"浦江豆腐皮的最早文字记录在元末明初。清代《浦江乡言杂字》中也有豆腐皮的踪迹："豆腐肉夹"，即用豆腐皮包肉馅的美食。《浦江县志》进一步明确了这种美食佳肴的名称："炸响铃"。据记载，民国时，"炸响铃"成为浦江的一大特色名菜，名噪一时。这些都说明豆腐皮乃浦江的一种传统特产，至今已有数百年以上的悠久历史。

浦江豆腐皮色泽光洁，薄如蝉翼，香味醇厚，久煮不糊。浙系菜肴中

"干炸黄雀""游龙戏水""凤飞南山"等名菜，均以豆腐皮为原料，其特别受不爱油腻、喜吃素食的宾客所称道，被人誉为豆制品中的"皇后"。2009年，浦江豆腐皮捞制技艺被列入第三批浙江省非物质文化遗产名录。

❷ 浦江葡萄

浦江种植葡萄历史悠久，地方志嘉靖《浦江志略》和乾隆、光绪年间的《浦江志略》物产中均有浦江种植栽培葡萄的记载。巨峰葡萄是浦江葡萄的主栽品种，连续多年获得多项殊荣，如浙江省精品水果金奖、浙江省农业博览会金奖、金华市精品水果会金奖等。浦江于2013年被授予"中国巨峰葡萄之乡"称号，"浦江葡萄"地理标志获农业农村部登记保护。

❸ 麦绳制作技艺

潘周家村古称"盘洲"，村人制作麦绳可上溯至南宋，迄今已有600余年。相传周姓的三位先祖原系居住杭州钱塘江畔的纤夫，为避战乱迁徙至此，创基筑室，世代繁衍生息。其后嗣用麦粉制作面条并搓成纤绳状，将面条切细，制成索面（今称"手工面"），或拉作长长的麦绳（今称"一根面"）。

麦绳因其长，被村人寓于"长福长寿"之意，故又称"长寿面"。在当地，但凡各家办喜事，如庆寿、生子、新房落成等，通常都要制作麦绳招待宾客或答谢亲友邻里。至今，这一带仍流传着"讨亲夜茶一股面""吃长寿面长命百岁"的民谚。2009年，"一根面"被列入金华市非物质文化遗产名录。

❹ 南山"泼露清"

"泼露清"酿酒传统工艺为浦江县非物质文化遗产。据记载，酒仙李白游历浦江时，曾宿于南山山麓一带，月下独酌，对店里的酒称赞不已，说"这种酒味道好，实在少见"，便开怀畅饮。店主说这酒后劲足，李白这才想起临行时其母的叮嘱，遂感激店主说："多谢好意，假使被娘知道必定责怪。"原来李白很孝敬老娘亲，怕老娘亲责怪。从此，浦江南山脚酒愈加出名，取名"怕老亲"，酒量很大的人也不能饮用超过三杯。"怕老亲"酒还有"破老春""泼露清"等名称。

❺ 米塑

米塑是用米粉团制作的各式各样的花粿艺术品，早在宋代就有文字记载。据耐得翁《都城纪胜》中所记："又有专卖小儿戏剧糖果，如打娇惜、虾须糖、宜娘打秋千、稠饧之类。"另据钱塘吴自牧的《梦粱录》记载："蜜煎局以五色米粉塿成狮蛮，以小彩旗簇之。"这是用食物制作玩具的佐证。千百年来，经过劳动人民长期的制作和实践，这一传统艺术日趋成熟，形式更为多样，用途日益广泛。

群山之祖　诸水之源

——磐安

磐安是年轻的山区县，县名出自《荀子·富国》中"国安于磐石"之说，意为"安如磐石"。磐安是生态大县，天然氧吧。磐安素有"群山之祖、诸水之源"之称，是钱塘江、瓯江、曹娥江、灵江四大水系的共同发源地，是天台山、括苍山、仙霞岭、四明山等山脉的发脉处，是全国首批国家级生态示范区、国家生态县和国家重点生态功能区、国家生态文明建设示范县。磐安空气质量优良，水质优越，被誉为"浙中水塔、天然氧吧"。

磐安是旅游胜地、养生福地。境内旅游资源丰富，集原真山水、地质奇观、文化古村和奇特民俗于一身，近年来，依托良好的自然生态环境，打造了"樱花谷、杜鹃谷、玫瑰谷"等"五大花谷"和"养生药乡线""浪漫花乡线""休闲茶乡线"三条美丽乡村风景线，推出了"共享农屋·磐安山居"等项目，"乡村慢生活＋中医药健康养生"的主体业态加快形成。

磐安是"中国药材之乡"，大盘山自然保护区则是全国唯一以中药材种质资源为主要保护对象的国家级自然保护区，全县有家种和野生中草药1219种，种植面积8万余亩，"浙八味"中白术、元胡、玄参、贝母、白芍主产磐安，俗称"磐五味"。磐安名优特产有三叶青（是"新磐五味"之一，葡萄科草质藤本三叶崖爬藤，又名金线吊葫芦、蛇附子。全草均可入药，以地下块根和果实的药用效果为好，具有清热解毒、祛风化痰、活血止痛等功效）、铁皮石斛、玉竹、灵芝、天麻、白芍、黑木耳、猴头菇、竹荪、灰树花、高山蜜桃、葡萄、高山杨梅、白云山牛心柿、高山猕猴桃、红爪姜、葛粉、翠都菜豆、山茶油、香榧、双孢蘑菇、鸡腿蘑、秀珍菇、杏鲍菇、金针菇、香菇以及苦丁茶等。

磐安食俗

农历正月初一为春节，谓之过年。早餐由儿媳烧好面条后捧去敬老，称为"长寿面"。立春被视为大节，俗语有云"年大不如春大"。正月十五元宵节，有较大规模的灯会。

立夏之俗为吃竹笋，以防"疰夏"，且有称体重之风。端午农家吃粽子并馈赠亲邻。八月十五中秋节，备月饼和瓜果，全家一起赏月，庆祝团圆。

重阳节，又称"重九"，民间有捣麻糍、包粽子之俗，也有登山、秋游等活动。

除夕为传统大节，民间在农历十二月即备办各色糖果与糕点，大年三十晚上合家吃年夜饭，共享天伦之乐。

磐安旧时的宴席里，需向亲邻馈赠食品，主要有杨梅粿、粽子等。

农家自种糯谷，用糯米酿造黄酒，于秋冬酿造的酒被称为"冬酒"。另外，人们多以番薯、酒糟及大麦等为原料自制白酒。

磐安特色美食

❶ 杨梅粿

杨梅粿，以糯米粉裹包，可甜可咸，甜口以红糖和芝麻做馅，咸口以豆腐和肉丝做馅，外敷红米，以示吉利。

❷ 酒坛羊肉

山清水秀的磐安仁川，盛产仁川高山羊。当地人钟爱吃羊肉，每到冬天，家家户户烹制羊肉。为了能够在一年四季都吃上温补的羊肉而不上火，当地人尝试将羊肉切块后装入酒坛中，放入多味中草药材和多味调料，在去除羊肉膻味的同时，平衡温热之气，肉质鲜嫩、散发酒香味的酒坛羊肉由此得名。

❸ 磐安药膳

磐安大地孕育着多种珍贵的"仙草灵药"，玉竹、党参、芍药、白术、贝母、茯苓、灵芝、佛手，绝佳的山水环境造就了地道药材，而其与诸多食材的融合，成就了独具磐安特色的美味。

磐安药膳有磐安黄精猪蹄、玉竹五黑鸡汤、玉竹老鸭煲、莲藕杜仲排骨汤及浙贝百合泥等。

黄精素有"南黄精、北人参"的美誉，有润肺生津、补肾益精的功效，磐安当地将野生黄精与猪蹄同煮，菜肴鲜香软糯，富含胶原蛋白，且具食疗作用，堪称一绝。

玉竹含有抗氧化成分，有助于清除人体内的自由基，调节免疫力。其既可与珍贵的五黑鸡、山药细熬，也可与老鸭同炖，香味扑鼻，滋味鲜美，令人久久回味。

排骨与杜仲、莲藕同煮，具有温补肝肾、强筋健骨之功效。菜肴香气浓郁，肉质鲜美，令人回味。浙贝母若与百合一起烹饪，则有一定的润肺、止咳、化痰的作用。

磐安扁食、饺饼筒及洋芋麦饼等名小吃，曾在浙江省农博会中获得殊荣。磐安扁食以番薯粉做皮，馅料丰富，口味多样；土索面、玉米饼、蕨粉皮及择子豆腐等，则为特色的农家美食，承载和传承了当地人的智慧与勤劳。

磐安风土物产

❶ 五黑鸡

五黑鸡又名"五黑一绿鸡"，是磐安当地的特产之一，也是我国独一无二的鸡种，其毛、皮、肉、骨、内脏都是黑色的，但是蛋壳为绿色，极为珍贵。

❷ 土索面加工技艺

土索面加工技艺流传于磐安近 300 年，在磐安南部村落，几乎每个村子都有人会此技艺。土索面加工经和面、捣面、醒面、上面、搟面、挂面及晾面等多个环节。成品索面细如丝、色如玉，香醇可口，老少皆宜。

❸ 赶茶场

磐安历史源远流长，从境内出土的石斧等文物来看，早在五六千年前就有人类在此栖息繁衍。玉山古茶场，位于磐安县玉山镇马塘村，建于宋代，清乾隆年间重修，是目前为止全国发现的最早的古代茶叶交易场所遗存。2006 年，玉山古茶场被列为全国重点文物保护单位。

"赶茶场"又称"茶场庙庙会"，是流传在磐安县玉山一带，具有深厚的文化底蕴和丰富的文化内涵的传统民俗事项。"赶茶场"起源于晋代，道士许逊在玉山修炼时，为玉山发展茶叶生产、打开茶叶销路做出巨大贡献，深受当地百姓尊崇、爱戴。人们感其恩德，为其建庙立像。从宋代起，又重建茶场庙和茶场，并形成了以茶叶交易为中心的重要聚会——"春社"和"秋社"。"赶茶场"是磐安县群众参与面最广、参与意识最强、历史文化沉淀最深厚、民间艺术表演形式最丰富的重大庙会，具有群体性、自发性、多样性特征。由于庙会历史悠久，内容丰富，具有江南茶乡民俗、生产、生活、文化等方面传统内涵和独特价值，2008 年"赶茶场"被列入国家级非物质文化遗产名录。

❹ 磐五味生产加工技艺

磐安是中国的药材之乡，药材众多，种药、制药历史相当悠久，生产加工工艺精到。磐安山乡的土质和气候非常适宜中药材生长，故磐安生产加工药材的历史相当久远，且至今不衰，目前磐安药材生产已居磐安经济作物首位。全县境内有药用植物 1219 种，主要产品有白术、玄参、白芍、元胡、浙贝母、玉竹、桔梗、天麻、茯苓等。著名"浙八味"中的白术、元胡、浙贝母、玄参、白芍五味药材盛产于此，俗称"磐五味"，产量居全国之首。

自宋以来，磐安中药材就被世人所称道，有"药花开满若霞绮，元参白术与白芍，更有元胡，万国皆来市"之说。磐安得天独厚的自然条件十分适宜中药材生长，被誉为"天然的中药材资源库"。

磐五味无论是生产还是加工，都别具特色，风格独有。生产上，选种纯，选址独到，种植时间精确，管理严格精细，施肥用料独特，防治病虫害所用药物环保无公害，等等，所以在磐安种植生产的药材，药性保留充分，品质优良，为药材中的上品。对于磐五味的加工，清洁、去壳、蒸、煮、发汗、干燥、烘、晒……流程严谨独到。成品形体完整、色泽良好、香气浓郁，有效物质破坏少，药材质量得到了保证。磐五味加工技艺，易操作，经济实惠，绿色环保，适合小规模家庭药材加工作业。

磐五味生产加工技艺是磐安药农在上千年的摸索中总结出来的一套行之

有效的药材生产制作方法，千百年来代代传承。在机械化生产加工药材的今天，传统的生产加工技艺仍有它的生存土壤，足见传统技艺的独到之处。2011 年磐五味生产加工技艺被列入浙江省非物质文化遗产名录。

[1] 浙江老年电视大学，顾希佳，徐步光 . 浙江风俗故事 [M]. 杭州：杭州出版社，2019.

[2] 宁海县地方志编纂委员会 . 宁海县志：1987—2008[M]. 北京：方志出版社，2019.

[3] 象山县志编纂委员会 . 象山县志 [M]. 杭州：浙江人民出版社，1988.

[4]《石浦镇志》编纂委员会 . 石浦镇志 [M]. 宁波：宁波出版社，2017.

[5] 应红鹃 . 象山等你来看海 [M]. 宁波：宁波出版社，2018.

[6] 奉化市地方志编纂委员会 . 奉化市志：1989—2008[M]. 杭州：浙江人民出版社，2016.

[7]《溪口镇志》编纂委员会 . 溪口镇志 [M]. 宁波：宁波出版社，2017.

[8] 天台县地方志编纂委员会，庞国凭 . 天台县志：1989—2000[M]. 北京：方志出版社，2007.

[9] 仙居县文化广电新闻出版局 . 仙居文化志 [M]. 杭州：西泠印社出版社，2016.

[10] 普陀县志编纂委员会 . 普陀县志 [M]. 杭州：浙江人民出版社，1991.

[11] 蒋文波，秦永禄 . 展茅镇志 [M]. 北京：中国书籍出版社，1997.

[12] 新昌县志编纂委员会 . 新昌县志 [M]. 上海：上海书店出版社，1994.

[13] 杨志林 . 洞头县志：1991—2005[M]. 杭州：浙江人民出版社，2010.

[14] 温州市地方志编纂委员会 . 温州市志：1991—2012[M]. 北京：商务印书馆，2020.

[15] 温州市洞头区委史志编纂委员会，温州市洞头区地方志研究室 . 洞头年鉴：2019[M]. 北京：线装书局，2019.

[16] 永嘉县地方志编纂委员会 . 永嘉县志 [M]. 北京：方志出版社，2003.

[17] 文成县地方志编纂委员会 . 文成县志：1991—2011[M]. 北京：方志出版

社，2020.

[18] 缙云县志编纂委员会.缙云县志[M].杭州：浙江人民出版社，1996.

[19] 遂昌县志编纂委员会，刘宗鹤，周品华.遂昌县志[M].杭州：浙江人民出版社，1996.

[20] 松阳县志编纂委员会.松阳县志[M].杭州：浙江人民出版社，1996.

[21] 祝龙光.江山市志：1988—2007[M].北京：方志出版社，2013.

[22] 桐庐县志编纂委员会.桐庐县志[M].杭州：浙江人民出版社，1991.

[23]《淳安县文化志》编委会.淳安县文化志[M].杭州：浙江工商大学出版社，2016.

[24] 德清县志编纂委员会.德清县志[M].杭州：浙江人民出版社，1992.

[25] 长兴县志编纂委员会.长兴县志[M].上海：上海人民出版社，1992.

[26] 安吉县地方志编纂委员会.安吉县志[M].杭州：浙江人民出版社，1994.

[27] 嘉善县志编纂委员会.嘉善县志[M].上海：上海三联书店，1995.

[28] 马新正，桐乡市《桐乡县志》编纂委员会.桐乡县志[M].上海：上海书店出版社，1996.

[29] 浙江省桐乡市乌镇志编纂委员会.乌镇志[M].北京：方志出版社，2017.

[30] 王福基，袁克露.嘉兴风情民俗[M].杭州：浙江人民出版社，1998.

[31] 海盐县志编纂委员会.海盐县志[M].杭州：浙江人民出版社，1992.

[32] 胡永良，刘静娟，袁振培.乡风民俗[M].杭州：西泠印社出版社，2017.

[33] 何保华，浦江县地方志编纂委员会.浦江县志：1986—2000[M].北京：中华书局，2005.

[34] 张文德.浦江文化志稿[M].杭州：浙江人民出版社，2012.

[35] 磐安县志编纂委员会.磐安县志[M].杭州：浙江人民出版社，1993.

[36]《食美浙江：中国浙菜·乡土美食》编辑委员会.食美浙江：中国浙

菜·乡土美食 [M]. 北京：红旗出版社，2014.

[37] 顾希佳，朱秋枫，蒋水荣. 浙江民俗大典 [M]. 杭州：浙江大学出版社，2018.

[38] 范川凤. 中国饮食习俗 [M]. 石家庄：河北人民出版社，2013.

[39] 范祖述. 杭俗遗风 [M]. 上海：上海文艺出版社，1989.

美食、风土物产与非物质文化遗产，是中国传统文化的重要组成部分。古语有云，"一方水土养育一方人"，"十里不同风，百里不同俗"。《杭俗遗风》曾有记载，"杭俗在立夏日，有三烧、五腊、九时新之说"，此时，"三新"已发展为樱桃、梅子、鲥鱼、蚕豆、苋菜、黄豆笋、玫瑰花、乌饭糕、莴苣，即"九时新"。嘉兴一带民众将立夏当作夏季的开始，谚语有云"立夏三朝遍地锄"，较多时货此时上市，为立夏尝新平添了气氛。吃芽麦塌饼、立夏蛋，"立夏吃只蛋，力气多一万"；吃螺蛳、健脚笋等，喝立夏酒；还有吃乌米饭和称体重的习俗——一年吃一次乌米饭，有强身健体之意。由于浙江所处地理位置与民营经济发展较早等原因，历史上浙江各地与周边闽、赣、皖、苏以及上海地区的民俗文化，一直处在互相交流融合的过程中。

浙江菜品，取料广泛，善治山珍、河鲜和海味，多用地方特产，讲究时鲜，烹调精巧，许多菜肴的制作过程也充分体现出"南料北烹"的特点，这些无不造就了浙江美食兼容并蓄、醇正、鲜嫩、细腻、典雅的特色。浙江小吃以米、面为主料，选料广泛而精细，造型生动，风味各异。在"七山一水二分田"的浙江，靠山吃山、临水吃水，山区、海岛和水乡的食俗也带来了独具地方特色的烹调方法，如"晒、腌、糟"，也因之诞生了许多浙地名菜和流传久远的物产。

民以食为天，在浙江民间，无论年俗，还是节令习俗，无论是海滨，还是大山深处，都有宝贵的饮食习俗积淀。这些习俗经过千百年的传承与发展，成为地方宝贵的非物质文化遗产，伴随着时代的发展得以继续推广与传播，成为永不褪色、熠熠生辉的文化明珠。

本书在编写过程中参考了各县（市、区）人民政府网站、各地官方公众号、各地文旅公众号等网络资源，在此表示感谢。